普通高等教育"十二五"规划教材

锡 冶 金

雷 霆 杨志鸿 余宇楠 张报清 编著

北京

冶金工业出版社

2013

内 容 简 介

本书共分 12 章,按照锡冶金生产的工艺过程,介绍了国内外锡工业的发展状况,锡及其化合物的主要性质,锡的资源和用途,锡矿的采选技术,锡精矿的炼前处理,锡精矿的还原熔炼,锡炉渣以及高钨电炉锡渣的处理,锡的精炼,有价金属的回收及锡再生,炼锡厂的收尘和炼锡厂"三废"治理和劳动保护等内容。

本书可作为高等院校冶金专业及相关专业的教材,也可作为职业技能培训教材及科研院所工程技术人员的参考用书。

图书在版编目(CIP)数据

锡冶金/雷霆等编著 . —北京:冶金工业出版社,2013.12

普通高等教育"十二五"规划教材

ISBN 978-7-5024-6440-0

Ⅰ.①锡… Ⅱ.①雷… Ⅲ.①炼锡—高等学校—教材
Ⅳ.①TF814.03

中国版本图书馆 CIP 数据核字(2013)第 269869 号

出 版 人 谭学余
地　　址　北京北河沿大街嵩祝院北巷 39 号,邮编 100009
电　　话　(010)64027926 电子信箱 yjcbs@cnmip.com.cn
责任编辑 杨盈园 美术编辑 吕欣童 版式设计 孙跃红
责任校对 李 娜 责任印制 张祺鑫
ISBN 978-7-5024-6440-0
冶金工业出版社出版发行;各地新华书店经销;北京百善印刷厂印刷
2013 年 12 月第 1 版,2013 年 12 月第 1 次印刷
787mm×1092mm 1/16;12 印张;288 千字;181 页
28.00 元
冶金工业出版社投稿电话:(010)64027932 投稿信箱:tougao@cnmip.com.cn
冶金工业出版社发行部 电话:(010)64044283 传真:(010)64027893
冶金书店 地址:北京东四西大街 46 号(100010) 电话:(010)65289081(兼传真)
(本书如有印装质量问题,本社发行部负责退换)

前　言

锡是古老而稀少的金属，我国锡矿资源居世界前列，炼锡历史悠久，是世界上最早生产锡和使用锡的国家之一，被公认为世界产锡大国。

发展我国的锡工业，科研、生产一线高技能人才的培养是根本。然而，目前培养此类人才的高等院校缺乏这方面的教材。为适应我国锡工业发展的需要，在高等院校冶金技术专业中开设锡冶金课程，编写锡冶金教材，培养一批锡工业所需的高技能人才对我国锡工业的发展非常重要和必要。

本书参照国家职业技能标准和职业技能鉴定规范，根据企业的生产实际和岗位技能要求，按照锡冶金生产的工艺过程及团队的研究成果，介绍了国内外锡工业的发展状况，锡及其化合物的主要性质，锡的资源和用途，锡矿的采矿技术，锡精矿的炼前处理，锡精矿的还原熔炼，锡炉渣以及高钨电炉锡渣的处理，锡的精炼，有价金属的回收及锡再生，炼锡厂的收尘和炼锡厂"三废"治理和劳动保护等内容。

本书除作为高等院校冶金相关专业学生教学用书外，也可作为硕士、博士研究生，青年教师参考用书，同时还可作为行业职业技能培训教材和供工程技术人员参考使用。

由于作者水平所限，书中若有不妥之处，敬请广大读者不吝赐教。

作　者
2013 年 8 月

目　　录

1 概　论

1.1　我国锡工业的发展

锡是古老而稀少的金属。早在公元前约 4000 年，人类就炼制成锡和铜的合金——青铜。地壳中锡的丰度约为 2×10^{-6}，与其他金属相比，锡属于含量较低的元素，约为铜的 1/27，铅的 1/6，锌的 1/35。世界锡资源主要集中于环太平洋东西两岸的发展中国家，已探明的储量约 1101 万吨。我国锡矿资源居世界前列，已探明的储量有 560 万吨，保有储量为 407 万吨，名列世界第一位，被公认为锡资源大国之一。

我国的锡矿主要分布在云南、广西、湖南、江西、广东等地，另外在内蒙古、四川和新疆等地也发现了锡矿。我国的锡矿中，广西占 37.3%，云南占 36.3%，广东占 8.9%，湖南占 7.8%，其他占 9.7%。2002 年，我国有色金属产量达到 1012 万吨，跃居世界第一位，其中锡产量超过 7 万吨。

我国炼锡历史悠久，是世界上最早生产锡和使用锡的国家之一。最早的炼锡炉是高约 1m 的黏土竖坑炉，以木柴为燃料。19 世纪初，英国康沃尔地区首先采用反射炉炼锡。由于反射炉炼锡简单，对物料适应性强，可处理任何类型的物料，因而得到广泛应用，至今仍是炼锡工业的主要手段。随着锡矿资源的不断开采，高品位纯净矿石减少，脉锡矿石增加，各国锡冶炼工作者不懈努力，对低品位锡物料冶炼工艺和设备进行深入研究，创造性地发明了许多新方法。其中包括电炉、短窑、旋涡炉熔炼等，特别是烟化法引进，是锡冶炼的重大革新之一。

我国最早有关锡的记载见于战国时期的《周礼》，其中《考工记》详述了六种不同用途的青铜器中铜和锡的配比，即所谓"六齐"规则。明代著作《天工开物》下卷"五金"中提到锡矿石有"山锡"和"水锡"（都是砂锡矿床），开采时用水洗选，除去泥沙，然后和木炭一起在竖炉中鼓风熔炼，如图 1-1 所示。

我国的炼锡厂大多采用"锡精矿还原熔炼—粗锡火法精炼—焊锡电解或真空蒸馏—锡炉渣烟化处理"的工艺流程，使用的还原熔炼设备主要是反射炉和电炉，且以反射炉为主，85% 以上的锡精矿是用反射炉熔炼的。有少数工厂则采用"电炉还原熔炼—粗锡电解精炼"的工艺流程。我国锡冶炼工艺是适于处理中等品位的锡精矿，并采用烟化炉处理富锡炉渣以取代

图 1-1　古代土法炼锡示意图

传统的二段熔炼法。由于锡精矿品位逐年下降，且其中有害杂质的含量明显升高，近年来，各炼锡厂均重视锡精矿的炼前处理，以提高入炉精矿的品位和质量。

我国锡冶炼技术在很多方面居于世界先进水平。1963 年，我国第一座烟化炉投产，处理贫锡炉渣（约 5% Sn）。1965 年，我国用烟化炉硫化挥发法直接处理富锡炉渣获得成功，完全取代了传统的加石灰再熔炼法，现今已被世界各国炼锡厂广泛采用。1973 年，云南锡业公司用烟化炉处理锡中矿（约 3.5% Sn）获得成功。"云锡氯化法"（高温氯化焙烧工艺）是我国特有的用于处理一般锡冶炼系统难以处理的低品位（约 1.5% Sn）和高杂质（尤其是高砷高铁）含锡物料的方法。在火法精炼中，我国采用自制单柱悬臂式离心过滤机处理乙锡，产出甲锡和离心析渣。以电热连续结晶机脱除粗锡中的铅和铋，继之用真空蒸馏炉处理结晶机的副产品粗焊锡，成为我国锡火法精炼的特色之一。由昆明理工大学和云南锡业公司联合研制的电热连续结晶机，是我国对世界锡冶金事业的杰出贡献，已出口到巴西、英国、泰国、马来西亚、玻利维亚和荷兰等国，成为锡火法精炼系统的标准设备，被誉为 20 世纪锡冶金工业最重大的发明之一。

1.2　国外锡工业的发展

利用锡的氧化物容易还原的性质，古人从锡石中提取锡，最原始的炼锡炉是所谓的地坑炉，即在地面上挖坑，里面抹上黏土，装满木柴后点火，烧至通红，陆续加入锡砂矿，然后在其上再加入木柴和锡砂矿进行还原熔炼，即产出金属锡沉积在坑的底部。后来为封闭热源便出现了原始的黏土竖炉，并使用原始的风箱向炉内鼓风。

随着马口铁罐头盒储存食物技术的发展和 18 世纪工业革命的爆发，刺激了锡的生产，推动了锡冶炼生产技术，如反射炉炼锡就是 18 世纪初在英国康沃尔开始采用的，而电炉炼锡则是 1934 年由扎伊尔马诺诺炼锡厂首先采用的。

当今锡的还原熔炼正发生着由反射炉熔炼为主逐步向强化熔炼技术——奥斯麦特熔炼（熔池熔炼）的转化，最明显的趋势就是炼锡厂新建反射炉较少（或基本不建），而生产能力稍小的大多新建电炉、有一定生产规模的冶炼厂则直接引进奥斯麦特炉，只有少数厂家仍采用古老的鼓风炉炼锡。其他新的炼锡设备还有转炉（短窑）、卡尔多炉等。

现今炼锡厂采用的工艺流程可分为两种，即处理高品位精矿的传统的"二段熔炼"流程和处理中等品位精矿的"熔炼和烟化"组合流程。烟化炉取代了传统的第二段熔炼设备，可以实现较彻底的铁锡分离，提高锡的总回收率，并能处理各种低品位成分复杂的含锡物料，所以获得迅速发展，世界主要的炼锡厂都有烟化炉或正在考虑新建烟化炉。

粗锡火法精炼已有一千多年的历史，世界上大多数炼锡厂都采用火法精炼粗锡，所产出的精锡约占精锡总产量的 90%。粗锡的火法精炼新技术有真空蒸馏除铅铋和离心过滤除铁砷等。粗锡电解精炼始于 20 世纪初，现今世界上电解精炼生产的精锡约占精锡总产量的 10%。

近年来，锡生产的一个重要变化是锡冶炼地区的转移，以前，主要锡矿生产国的大部分锡精矿被运往工业发达国家，主要是英国、荷兰和比利时等国冶炼，而现在，越来越多的锡精矿就在其产出国冶炼，从而导致了大多数欧洲锡冶炼厂关闭或者转向处理回收物料。

1.3 熔池熔炼及烟化法工艺技术特点

1.3.1 熔池熔炼工艺的技术特点

熔池熔炼工艺（Bath smelting process），是当前重有色金属火法冶金中正在研究和发展的很有前途和应用范围很广的一种新的熔炼工艺。

熔池熔炼工艺的技术特点是向熔池内部鼓入空气、富氧空气、工业纯氧或空气与燃料的混合气体，使熔体呈剧烈的沸腾状态，此时当炉料从炉顶以各种不同的方式加入熔池表面时，炉内液、固、气三相充分接触，为反应的传热、传质创造了极为有利的条件，促使反应的热力学和动力学条件达到较为理想的状态而使反应迅速进行。在熔炼过程中充分利用了矿石的内能（铁、硫等成分的反应热），使其向自热熔炼和降低能耗方向发展。

熔池熔炼工艺与其他方法相比，明显地具有流程短、备料简单、冶炼强度大、炉床能力高、节约能耗、控制污染、炉渣易于得到贫化等一系列优点，从而获得了普遍重视。

"熔池熔炼"这一概念，实际上很早就已经在重有色金属冶炼工艺中得到了广泛的应用。其最早的应用可追溯到19世纪末和20世纪初，将转炉吹炼铜锍和烟化炉贫化熔炼铅鼓风炉渣先后用于工业生产。此外，如我们所熟知的冰镍转炉吹炼，加拿大发明的"诺兰达法"（Noranda），日本的"三菱法"（Mitsubishi）以及我国研究成功的"白银炼铜法"（Baiyin copper smelting process），处理炼铅鼓风炉炉渣的铅锌烟化法（Fuming process），炼锡富渣以及富中矿的烟化法，等等，均属于熔池熔炼的范畴以及在工业生产中实际应用的典范。QSL炼铅法，澳大利亚赛罗熔炼法（Sirosmelt process）等也是熔池熔炼的一种运用。

近几十年来，在有色金属火法冶炼技术方面，世界各国开发出的新冶炼工艺主要有：用于冶炼铜和镍的奥托昆普（Outokumpu）闪速熔炼（Flash smelting）技术，三菱（Mitsubishi）熔炼技术（铜冶炼），诺兰达（Noranda）熔池熔炼技术（铜），顶吹旋转转炉技术（铜、镍和铅），采用含氧燃料的反射炉冶炼技术（铜、镍），电炉熔炼技术（铜和镍），帝国熔炼技术（锌），炼铅的QSL（Queneau – Schuhmann – Lurgi）工艺，炼铜的肯那库—奥托昆普（Kennecott – Outokumpu）固体铜锍闪速—转换工艺，处理铜、镍、锡等复杂物料的奥斯麦特（Ausmelt）工艺，Contop炼铜工艺，基夫赛特（Kivcet）炼铅工艺，瓦纽科夫（Vanyukov）熔池熔炼工艺以及在我国已成功投入工业应用的艾萨（ISA）炼铜工艺和富氧顶吹熔炼—鼓风炉还原炼铅工艺（ISA—YMG法）等。

熔池熔炼按反应气体鼓入熔体的方式，分为侧吹、顶吹和底吹三种类型：

（1）侧吹：富氧空气直接从设于侧墙而埋入熔池的风嘴鼓入铜锍—炉渣熔体内，未经干燥的精矿与熔剂加到受鼓风强烈搅拌的熔池表面，然后浸没于熔体之中，完成氧化和熔化反应。属于侧吹熔池熔炼的有白银炼铜法（Baiyin copper smelting process）、诺兰达法（Noranda）、瓦纽科夫（Vanyukov）熔炼法等炼铜方法。

（2）顶吹：喷枪从炉顶往炉内插入，喷枪出口浸没于熔体之中或距熔池液面一定高度。根据冶金反应的需要，喷入还原性或氧化性气体，在湍动的熔池内完成还原或氧化反应。属于顶吹的有艾萨熔炼法（Isasmelt）、三菱法（Mitsubishi）和顶吹旋转转炉法等炼铜、炼镍、炼铅方法。

（3）底吹：喷枪由炉底往炉内插入，浸没于熔体中，如一步炼铅的 QS 法，采用卧式长形圆筒反应器，在用隔墙分开的氧化段和还原段都设有数个底吹喷嘴。在氧化段喷吹氧气，使硫化铅精矿氧化成金属铅和高铅（锌）炉渣；在还原段，喷吹氧气和还原剂（粉煤和天然气）贫化炉渣，回收铅、锌。

1.3.2　烟化法简介

烟化炉烟化法是典型的熔池熔炼。1927 年世界上第一座工业烟化炉在美国东赫勒拿（East Helena）炼铅厂投入生产。我国对烟化炉的开发及半工业试验始于 1957 年，1959 年设计建成第一座工业试验炉，1962 年正式全面投产。烟化炉在我国工业生产中的应用已超过 40 余年，广泛而成功地用于炼铅炉渣的烟化和富锡渣以及富锡中矿的烟化处理，以便回收其中易挥发的有价金属，如 Pb、Zn、Sn、Bi、Cd、In、Ge 等。

烟化炉烟化法具有金属回收率高，生产能力较大，可用劣质煤粉作发热剂和还原剂，而且燃料消耗相对较少，易于实现过程的机械化和自动化，烟化产物可综合利用等优点，因此在世界各地被广泛采用。例如，加拿大的特雷尔（Trail）炼铅厂，美国的埃尔帕索厂（El Paso）和东赫勒拿（East Helena）厂，澳大利亚的皮里港（Port Pirie）铅厂，哈萨克斯坦的契姆肯特（Чимкент）炼铅厂等都已先后采用了烟化炉烟化法来处理炉渣。我国的原云南会泽铅锌矿冶炼厂，株洲冶炼厂，云锡一冶，韶关冶炼厂等在 20 世纪 50 年代后期也开始逐渐使用烟化炉烟化法吹炼处理各种炉渣。烟化法金属挥发率一般为（%）：Zn 85 ~ 94，Pb 98 ~ 100，Cd 100，Ge 75，In 70 ~ 75，Tl 75，Se 95，Te 95，铜与贵金属不挥发留在炉渣内。

用烟化炉烟化法处理锡炉渣和低锡物料，具有生产能力大、废渣含锡低、富集比大、金属回收率高、成本低等优点，已成为国内外处理锡炉渣及低锡物料行之有效而较有前途的方法，被各炼锡厂广泛采用。我国主要的炼锡厂在 20 世纪 60 年代以后逐渐推广使用该工艺。50 余年来，在锡炉渣及低锡物料的液态烟化技术方面积累了相当丰富的经验，烟化炉硫化挥发已发展成为处理锡粗炼富渣、富锡中矿等的行之有效的方法，以云南锡业公司第一冶炼厂为例，该厂采用烟化炉处理含锡 8% ~ 10% 的粗炼富渣和含锡 3% ~ 6% 的富锡中矿，烟化炉炉床能力达 18 ~ 25t/（m² · d），锡回收率 96% 以上，弃渣含锡低于0.1%。实践表明，工艺过程易于掌握，技术可靠，经济效益明显，但对于高钨、高硅的锡炉渣或低锡物料的处理仍很困难，有关资料认为，当炉渣硅酸度大于 1.4 或含 WO_3 高于 2% 时，将给正常的烟化作业带来困难。20 世纪 70 年代，国内曾对此类锡炉渣进行过硫化挥发处理，没有获得成功，80 年代末到 90 年代初，又对此类锡炉渣进行过固态硫化挥发小型试验，未获得进展。

烟化炉烟化法作为一种挥发工艺，就金属的挥发特性来说，具有一系列无法比拟的优越性，这是因为与静态熔池和固态料柱挥发相比，熔池熔炼强化了易挥发金属及其化合物进入气相的过程，在气泡中金属易挥发组分的分压增大及扩散阻力大大降低，从而加快了整个挥发过程。

国内外某些烟化炉的主要尺寸和参数见表 1 - 1、表 1 - 2。

表 1-1 国内部分烟化炉的主要尺寸和参数

名　称	云锡一冶		柳州冶炼厂	平桂冶炼厂
炉床面积/m^2	2.6	4	2.01	1.84
内形尺寸（长×宽×高）/$m \times m \times m$	1.2×0.2×5.4	1.6×2.5×6.8	2×1×2.3	2×0.9×2.4
风嘴数目/个	8	16	8	10
风嘴直径/mm			29	25
风嘴中心到炉底水套距/mm	200	625（包括底衬）	145	110
炉料加料口尺寸/$mm \times mm$	200×240	240×260	100×100	60×60（150）
三次风口直径/mm	$\phi100$	$\phi100$	$\phi200$	$\phi200$
渣口内径/mm	$\phi130$	$\phi130$	$\phi130$	$\phi130$
渣口中心到炉底距离/mm	200	200	80	230
风口比/%			0.262	0.267
风口鼓风强度/$m^3 \cdot (cm^2 \cdot min)^{-1}$			0.664	0.651
一次风压/MPa	0.0657~0.0686	0.0657~0.0686		
二次风压/MPa	0.0883~0.108	0.0883~0.108	0.031	0.037
风量/$m^3 \cdot h^{-1}$	4500~5000	7000~8000		
一次风量/%	30	30		
二次风量/%	70	70		
炉内压力/Pa	-29.5~-98	-29.5~-98		
进料量/$t \cdot 炉^{-1}$	6~7	13~15		0.85~0.95
风煤比控制	0.7~0.9	0.7~0.9		
炉温/℃	1150~1250	1200~1300	1200~1250	1250~1300
冷却水温度/℃	<60	130~140（气化）		
炉床能力/$t \cdot (m^2 \cdot d)^{-1}$	23~27	15~19		
弃渣含锡/%	0.10	0.01		

表 1-2 国外部分烟化炉的主要尺寸和参数

名　称	烟化炉编号									
	1	2	3	4	5	6	7	8	9	10
炉床面积/m^2	2.6	5.3	6.69	4.74	2.54	2.88	14.2	2.6	4	17.5
风口数/个	12	16	28	20	6	12	32	8	16	14
风口直径/mm	40				30		30			37.5
风量/$m^3 \cdot min^{-1}$	45~50	180	76	50.7	56.6	31.7	325.6			303
风速/$m \cdot s^{-1}$	55				230		273			335
渣池深/m	0.91	1.0	0.56	0.65	1.8	1.22	2.11			
渣量/t	8.5		15.2	12.0	10.0	11.0	90.0			

1.3.3　熔池熔炼—连续烟化法的优越性

熔池熔炼—连续烟化法，将熔池分为熔池熔炼区和连续烟化区，熔池同时起到熔炼和还原挥发作用。根据配料比，物料以固体冷料的形式加入，作业按加料—熔化—吹炼—放渣的程序在同一炉内循环进行，省去了常规烟化炉必需的化矿和保温设备，基建费用下降、工艺简单、能耗低。

熔池熔炼过程中，由于喷吹作用，熔池内部熔体上下翻腾，形成了熔体液滴向上喷溅和向下溅落。向下溅落的熔体流或称熔体雨洗涤炉气中的机械粉尘，同时由于熔体与固体物料传热传质得到最大的改善，从而大大缩短了固体物料在炉内的停留时间，加快了固体物料的熔炼挥发，提高了炉床能力。工业实践结果表明，机械烟尘率低，常可达到小于1.0%，挥发烟尘的质量高，富集比大，有利于再处理流程的简化和获得较优的技术经济指标。

2　锡及其化合物的主要性质

锡是化学元素周期表中第Ⅳ族元素，元素符号为 Sn，源于拉丁名字 Stannum，英文名字为 tin，原子序数为 50，相对原子质量为 118.69，有 10 种自然同位素。

锡的原子半径为 0.158nm，其离子半径分别为 0.093nm 和 0.069nm，在自然界中常见价态为 2 价和 4 价，锡的 4 价化合物比 2 价化合物稳定，2 价化合物有时可作为还原剂使用。由于离子半径、电负性相似，离子 Sn^{2+} 与 Ca^{2+}、In^{2+}、Fe^{2+} 等呈类质同象置换。离子 Sn^{4+} 可与 Fe^{3+}、Sc^{3+}、In^{3+}、Nb^{5+}、Ta^{5+}、Ti^{4+} 等呈类质同象置换。锡常赋存于钛酸盐和钽酸盐的类质同象混合物中，或铌、钽以类质同象形式存于锡石中。锡无毒，可作为储存器，大量用于食品行业。

2.1　金属锡的主要物理化学性质

2.1.1　金属锡的物理性质

锡在常温下为银白色，有金属光泽，浇铸温度高于 500℃ 时，金属锡锭表面因生成氧化物薄膜而呈珍珠色。锡相对较软，具有良好的展性。

锡有 3 种同素异形体：灰锡（α – Sn）、白锡（β – Sn）和脆锡（γ – Sn）。白锡展性仅次于金、银、铜，易制成厚 0.04mm 的锡箔，白锡的展性随温度而变，在 100℃ 附近最大，200℃ 时失去展性，但白锡的延性很差，不能拉丝。锡的同素异形体转变温度和特征见表 2 – 1。

表 2 – 1　锡的同素异形体转变温度和特征

项　目	同　素　异　形　体			
转变温度	灰锡 $\xrightarrow{18℃}$ 白锡 $\xrightarrow{161℃}$ 脆锡 $\xrightarrow{232℃}$ 液态锡			
晶体结构	等轴晶系	正方晶系	斜方晶系	
密度/g·cm^{-3}	5.85	7.5	6.55	6.988
外观特征	粉状	块状、有展性	脆性	
光谱揭示	Sn（Ⅳ）	Sn（Ⅱ）		

锡条或锡片弯曲时，因孪生晶体间摩擦而发出响声，称为锡鸣。

锡的三种同素异形体（灰锡、白锡、脆锡）的转变情况见表 2 – 1。

常见的是白锡（β – Sn）。白锡在 13.2 ~ 161℃ 之间稳定，低于 13.2℃ 即开始转变为灰锡。白锡转变为灰锡时，因体积增大而碎成灰末，称为锡疫。为了避免锡疫，锡的贮藏温度不应低于 10℃。灰锡重熔时可再转化为白锡，但氧化损失大。重熔时加入松香、氯化氨可减少损失。

　　锡的一些主要物理常数和热力学数据分别见表2-2、表2-3。

表2-2　锡的一些主要物理常数

温度/℃	密度/g·cm⁻³	热导率/W·(m·K)⁻¹	表面张力/N·mm⁻¹	黏度/MPa·s	电导率/S·m⁻¹
0		62.8			α 3×10¹⁰ β 11.0×10⁸
13	α 5.770				
18	β 7.290				
20		59.9			
100		60.7			15.5×10⁸
200		56.5	685		20.0×10⁸
232 (s)	7.170				22.0×10⁸
232 (l)	6.970			2.71	45.0×10⁸
250	6.982	32.7		1.88	
300	6.920	33.7		1.66	46.8×10⁸
400	6.850	33.1	580	1.38	49.0×10⁸
500	6.780	33.1	565	1.18	51.5×10⁸
600	6.710		550	1.05	54.0×10⁸
700	6.695		535	0.95	56.3×10⁸
800	6.570		520	0.87	58.7×10⁸
900	6.578				61.2×10⁸

表2-3　锡的一些主要热力学数据

状态或转变点	$\Delta H^{\ominus}_{298}$ 或 L_t/J·mol⁻¹	$S^{\ominus}_{298}$ 或 ΔS_t/J·(mol·K)⁻¹
灰锡	+1967.796±125.604	44.17074±0.041868
转变点13℃	2093.4±83.736	7.3269
白锡在标准状态	0.0	51.246432±0.041868
熔点232℃	7075.692±125.604	14.02578
$C_p = 221.9004 + 921.096 \times 10^{-4}$ 　　(273.15~503.15K)		
(505~1273.15K)		
(505~2900K)[①]		
沸点2623℃[②]	296425.44	102.36726
气态	301449.6±2093.4	168.476832

①文献 [22] 中为：$\lg p = 8.83 - 15100T^{-1}$ mmHg；

②锡的沸点在文献 [20] 中为2270℃，文献 [24] 中为 (2270±10)℃。

2.1.2 金属锡的化学性质

锡的主要化学性质见表 2-4，其在水溶液中的电化学数据见表 2-5。

表 2-4 锡的主要化学性质

锡的状态	外 界 条 件	发 生 的 变 化
固态	1. 在空气中：常温下	稳定，因表面氧化膜致密可阻止继续氧化
	大于 150℃	生成 SnO 和 SnO_2
	赤热的高温下	迅速氧化为 SnO 挥发
	2. 与水、水蒸气和 CO_2 接触	不起作用
	3. 与氟和氯在常温下接触	生成 SnX_2 和 SnX_4
	4. 在稀硫酸和稀盐酸中	溶解慢，生成 $SnCl_2$ 和 $SnSO_4$ 并放出氢气
	5. 在稀硝酸中	溶解慢，生成 $Sn(NO_3)_2$ 和 NH_4NO_3
	6. 在热的浓硫酸中	溶解快，生成 $Sn(SO_4)_2$ 并放出 SO_2
	7. 在热的盐酸中	溶解快，放出 H_2，生成 $SnCl$、H_2SnCl_4、$HSnCl_3$
	8. 通入氯气	全部变成 $SnCl_4$
	9. 在接近 45% 的硝酸溶液中	锡溶解为黄色溶液，并放出气体 NO、N_2O、N_2 和 NH_3。溶液静置则被空气氧化生成不溶性盐而变得混浊。加盐酸可阻止沉淀
	10. 在 45% 以上的硝酸溶液中	锡不溶解，但氧化为白色的 $Sn(NO_3)_4$，可溶于水，但很快就成为 SnO_2 的水合物而沉淀。加入盐酸可阻止沉淀生成
	11. 在氢氧化钠溶液中有氧化剂存在时	溶解缓慢，生成 $NaHSnO_2$、Na_2SnO_3 或 Na_4SnO_4 和 $Na_2Sn(OH)_6$[①]
熔融 >650℃ 时 >610℃ 时	1. 与空气接触	能溶解微量氧（见表 2-6）
	2. 与水蒸气接触	生成 SnO_2 和 H_2，并发热 96.71kJ/mol
	3. 与 CO_2 气体接触	生成 SnO_2 和 CO
	4. 与硫或 H_2S 接触	生成锡的硫化物

注：氧在熔融锡中的溶解度与温度的关系如下：

溶解度/%	温度	536℃	600℃	700℃	751℃
	摩尔分数	0.0012	0.0042	0.019	0.036
	质量分数	0.00016	0.00056	0.0026	0.0048

并可概括为下式：

$$\lg(N^{1/2} \cdot c) = -5670T^{-1} + 4.12$$

式中，N 为锡的摩尔分数；c 为氧在锡中的溶解度，以原子百分数计。

①锡在碱溶液中的此性质可用于回收马口铁废料中的锡。

表 2-5 锡在水溶液中的电化学数据

项 目	电 化 学 数 据
电极电位及标准电极电位/V	$Sn^{4+} + 2e \rightarrow Sn^{2+} + 0.15$　　$Sn^{2+} + 2e \rightarrow Sn^0 - 0.136$
电化学当量/g·$(A·h)^{-1}$	Sn^{2+}：2.214；Sn^{4+}：1.107
氢在锡上的超电压/V	50A/m^2 时 1.026，100A/m^2 时 1.077

2.2 锡的氧化物

锡有两种最主要的氧化物,即氧化锡(SnO_2)和氧化亚锡(SnO)。

氧化锡是金属锡粉在空气中高温氧化后生成的高价稳定氧化物,它可被 CO、H_2 等还原为氧化亚锡,而氧化亚锡在空气中灼烧则生成氧化锡。锡的此两种氧化物都为不溶于水的固体。天然的氧化锡,称为锡石,是自然界中锡的主要存在形态。氧化锡(SnO_2)和氧化亚锡(SnO)的主要性质见表 2 - 6。

表 2 - 6 锡氧化物的主要性质

名　　称	氧化锡（SnO_2）	氧化亚锡（SnO）
颜　　色	天然的氧化锡（SnO_2）称锡石,是炼锡的主要矿物。根据含杂质不同呈黑色、褐色;人工制备的氧化锡（SnO_2）为白色结晶粉末	自然界中尚未发现天然的氧化亚锡（SnO）,人工制备的氧化亚锡（SnO）为具有金属光泽的蓝黑色结晶粉末
密度/g·cm^{-3}	6.8 ~ 7.1	6.446
硬　　度	莫氏硬度 6 ~ 7	
熔点/℃	2000	1040
沸点/℃	2500	1425
在酸、碱溶液中	均不溶	易溶于许多酸、碱、盐溶液中
高温下反应	1. 1080℃以上时,与熔融锡作用生成氧化亚锡（SnO）挥发; 2. 400℃以上时,与 CO、H_2 作用生成金属锡; 3. 与赤热的炭作用生成金属锡; 4. 炽热状态下与 CCl_4 或 NH_4I 等作用生成 $SnCl_4$; 5. 与熔融的 NaOH 作用生成锡酸钠,可溶于水	1. 在中性气氛中,385℃时开始发生歧化反应: $$2SnO \rlap{=}= Sn + SnO_2$$ 2. 液态 SnO 可稳定在 1000℃左右,然后显著挥发
独特反应	与金属锌和稀盐酸接触,还原为锡	

氧化锡(SnO_2)和氧化亚锡(SnO)的标准吉布斯自由能 $\Delta G^{\ominus}$ 的计算见表 2 - 7。

表 2 - 7 氧化锡（SnO_2）和氧化亚锡（SnO）的 $\Delta G^{\ominus}$ 计算式

名　　称	$\Delta G^{\ominus}$/J·mol^{-1}
$SnO_{2(s)}$	$-544309.808 + 211.893T \pm 2344.608$ （770 ~ 980K）
$2SnO_{(s)}$	$-579871.8 + 212.270T \pm 1256.04$ （810 ~ 970K）
$2SnO_{(l)}$	$-539259.840 + 178.986T \pm 2344.608$ （1370 ~ 1520K）
$2SnO_{(g)}$	$-80595.8 - 90.435T$

2.3　锡的硫化物

锡的硫化物主要有硫化亚锡（SnS）和硫化锡（SnS$_2$）两种，三硫化锡（SnS$_3$）、四硫化三锡（Sn$_3$S$_4$）和五硫化四锡（Sn$_4$S$_5$）也有报道，但它们主要在地球化学中受关注。

硫化亚锡（SnS）和硫化锡（SnS$_2$）的分解压力实测数据及其计算式见表2-8，主要性质见表2-9，硫化亚锡（SnS）的热力学数据见表2-10。

表2-8　硫化亚锡（SnS）和硫化锡（SnS$_2$）的分解压力实测数据及其计算式

温度/℃	350	400	450	500	783	882	980	1096	1196
SnS	\multicolumn{4}{}{lgP_{S_2}/Pa}		-8.79	-7.24	-5.57	-3.82	-2.41
（高温下稳定）				lgP_{S_2} = -15430/T + 5.98Pa					
SnS$_2$	-11.900	-9.867	-7.618	-6.058		lgP_{S_2}/Pa			
（小于520℃时稳定）				lgP_{S_2} = -19280/T + 14.536Pa					

表2-9　硫化亚锡（SnS）和硫化锡（SnS$_2$）的主要性质

名　称	硫化亚锡（SnS）	硫化锡（SnS$_2$）
颜　色	铅灰色细片状晶体或黑色粉末	金黄色片状晶体
密度/g·cm^{-3}	5.08	4.51
熔点/℃	880	低温下稳定（小于520℃）
沸点/℃	1230	
在水中的溶度积	1.6×10^{-28}	4.8×10^{-46}
在中等强度以上的盐酸中	溶解	溶解
主要化学反应	1. 在空气中加热，硫化亚锡便氧化为氧化锡： SnS + 2O$_2$ = SnO$_2$ + SO$_2$ 2. 硫化亚锡在常温下能与氯气作用： SnS + 4Cl$_2$ = SnCl$_4$ + SCl$_4$ 3. 硫化亚锡不溶于稀的无机酸，但可溶于浓盐酸： SnS + 2HCl = SnCl$_2$ + H$_2$S 4. 硫化亚锡还溶于碱金属多硫化物中，生成硫代锡酸盐	硫化锡易溶于碱性硫化物，特别是Na$_2$S中，生成硫代锡酸盐类： Na$_2$S + SnS$_2$ = Na$_2$SnS$_3$ Na$_2$S + Na$_2$SnS$_3$ = Na$_4$SnS$_4$

表2-10　硫化亚锡（SnS）的主要热力学数据

熔点：880℃ 沸点：1230℃	温度/℃	1000	1100		1200
	蒸气压 P/kPa	0.773	3.053		101.31
	\multicolumn{5}{}{蒸气压计算式：lg$P$ = -10470/T + 9.212Pa（936~1084K）}				
Sn$_{(l)}$ + 1/2S$_{2(g)}$ = SnS$_{(s,l)}$	温度/℃	827	927	1027	1127	1227
	$\Delta G^{\ominus}$/J·mol^{-1}	-68747	-60750	-54554	-48441	-42496

硫化亚锡（SnS）的制备：可将锡箔与硫一起加热，在 750～800℃的无氧气氛中制得，此时的硫化亚锡（SnS）为铅灰色细片状晶体；也可将硫化氢气体通入氯化亚锡水溶液中生成，此时的硫化亚锡（SnS）为黑色粉末。硫化亚锡（SnS）不易分解，是高温稳定的化合物。

硫化锡（SnS_2）的制备：一般采用干法制备。如将锡箔、硫与氯化铵混合后加热，在 500～600℃时即可制得，此时的硫化锡（SnS_2）为金黄色片状晶体，俗称"金箔"。硫化锡（SnS_2）仅在低温下稳定，温度高于520℃时分解。

2.4　锡的氯化物

锡的氯化物主要有氯化亚锡（$SnCl_2$）和氯化锡（$SnCl_4$）两种。

氯化亚锡（$SnCl_2$）的制备：可由锡与氯气直接氯化合成氯化亚锡（$SnCl_2$）或在氯化氢气体中加热金属锡制备无水氯化亚锡（$SnCl_2$）。用热盐酸溶解金属锡或氧化锡可制取水合氯化亚锡（$SnCl_2 \cdot 2H_2O$），无水氯化亚锡比其水合氯化亚锡稳定。

氯化锡（$SnCl_4$）的制备：最简单通用的制备方法是在 110～115℃下将金属锡直接氯化而制得或将氯气通入氯化亚锡（$SnCl_2$）的水溶液中制得。

氯化亚锡（$SnCl_2$）和氯化锡（$SnCl_4$）的主要性质见表 2–11，水合氯化亚锡（$SnCl_2 \cdot 2H_2O$）在水中的溶解度见表 2–12。

表 2–11　氯化亚锡（$SnCl_2$）和氯化锡（$SnCl_4$）的主要性质

名　称	氯化亚锡（$SnCl_2$）	氯化锡（$SnCl_4$）
颜　色	$SnCl_2$ 为无色斜方晶体； $SnCl_2 \cdot 2H_2O$ 为白色针状结晶	无色液体
密度/g·cm^{-3}	3.95	2.23
熔点/℃	247	−33
沸点/℃	652	114.1
比热容/J·(mol·K)$^{-1}$	80.64	164.54
熔化热/J·mol^{-1}	12769.74	9169.09
蒸发热/J·mol^{-1}	86834.23	37388.12
溶解热/J·mol^{-1}	22483.12（18℃时）	119323.80（18℃时）
溶解特性	易溶于水和多种有机溶剂（如乙醇、乙醚、丙酮、冰醋酸）	水解变得混浊，在常温下易蒸发，在潮湿空气中会冒烟
蒸气压/Pa	$lgP = -597282.56T^{-1} + 1030.58$ （520～925K）	$SnCl_4$ 蒸气压的测定值为： 0℃：727.27Pa 20℃：2477.12Pa 40℃：6775.42Pa 60℃：16291.95Pa 80℃：34223.76Pa 100℃：66127.71Pa 120℃：119376.52Pa

名　称	氯化亚锡（$SnCl_2$）	氯化锡（$SnCl_4$）
$\Delta G^{\ominus}/\text{J} \cdot \text{mol}^{-1}$	$Sn_{(s)} + Cl_{2(g)} = SnCl_{2(s)}$ $\Delta G^{\ominus} = -349514.06 + 131.05T$ （298～520K） $Sn_{(l)} + Cl_{2(g)} = SnCl_{2(l)}$ $\Delta G^{\ominus} = -333269.28 + 118.49T$ （520～925K） $Sn_{(l)} + Cl_{2(g)} = SnCl_{2(g)}$ $\Delta G^{\ominus} = -247649.22 + 25.62T$ （520～925K）	$Sn_{(l)} + 2Cl_{2(g)} = SnCl_{4(s)}$ $\Delta G^{\ominus} = -512883.0 + 150.72T$ （500～1200K）
主要化学反应	1. 有氧时加热 $SnCl_2$，发生反应： $2SnCl_2 + O_2 = SnCl_4 + SnO_2$ 若同时存在水蒸气，则： $SnCl_2 + H_2O + 1/2O_2 = 2HCl + SnO_2$ 2. 在水溶液中，Sn^{2+} 易被负电性金属 Al、Zn、Fe 等置换成海绵锡； 3. 水溶液暴露在空气中时易氧化生成 SnOCl 沉淀； 4. 在水溶液稀释而不与氧接触时产生 $Sn(OH)Cl$ 沉淀	1. 与水混溶时形成许多结晶水合物，其稳定温度如下： $SnCl_4 \cdot 3H_2O$　64～83℃ $SnCl_4 \cdot 4H_2O$　56～63℃ $SnCl_4 \cdot 5H_2O$　19～56℃ $SnCl_4 \cdot 8(9)H_2O$　低于19℃ 2. Sn^{4+} 也易被负电性金属从水溶液中置换出来 Sn^{2+}

表 2-12　水合氯化亚锡（$SnCl_2 \cdot 2H_2O$）在水中的溶解度

温度/℃	溶液密度/$\text{kg} \cdot \text{L}^{-1}$	溶解度/$\text{kg} \cdot \text{L}^{-1}$	溶解度/%
0	1.532	0.700	45.65
15	1.827	1.330	75
25			70.1
37.7～40.5	2.588	2.177	84.2

2.5　锡的无机盐

锡的无机盐主要有硫酸亚锡（$SnSO_4$）、硫酸锡（$Sn(SO_4)_2$）、锡酸钠（Na_2SnO_3）、锡酸钾（K_2SnO_3）、锡酸锌（$ZnSnO_3$）以及硅酸锡（$SnSiO_3$）等，它们的主要性质见表 2-13。

表 2-13　锡的一些无机盐的主要性质

名　称	制　备　方　法
硫酸亚锡	可由氧化亚锡和硫酸反应制取，也可由金属锡粒和过量的硫酸在100℃下反应制取，或在中性硫酸铜溶液中，用金属锡置换铜制得

名　称	制　备　方　法
硫酸锡	可在热的浓硫酸中溶解锡而制得。若加过量的稀硫酸于水合 Sn（Ⅳ）氧化物的水溶液中，加热可结晶出 $Sn(SO_4)_2 \cdot 2H_2O$
锡酸钠	将氧化锡与氢氧化钠一起熔化，然后采用浸出方法制取。工业上常用脱锡溶液中回收的二次锡作为制取锡酸钠的原料
锡酸钾	将氧化锡与碳酸钾一起熔化，然后采用浸出方法制取。工业上也常用脱锡溶液中回收的二次锡作为制取锡酸钾的原料
锡酸锌	利用锌盐的络合效应与化学共沉淀制取中间体羟基锡酸锌 $ZnSn(OH)_6$，然后将 $ZnSn(OH)_6$ 在一定条件下热分解即可制得
硅酸锡	在熔炼温度下，由氧化亚锡与酸性氧化物二氧化硅作用而生成

名　称	颜　色	密度/$g \cdot cm^{-3}$	主　要　性　质
硫酸亚锡	无色斜方晶体		在空气中常温下稳定；在水中的溶解度：20℃时为 352kg/L，100℃时为 220kg/L；约 360℃时分解出 SnO_2 和 SO_2
硫酸锡			$Sn(SO_4)_2 \cdot 2H_2O$ 极易吸潮并强烈水解
锡酸钠	白色结晶粉末		无味、易溶于水，不溶于乙醇、丙酮；水溶液呈碱性；常带有 3 个结晶水，加热至 140℃ 时失去结晶水；遇酸发生分解；放置于空气中易吸收水分和二氧化碳而变成碳酸钠和氢氧化锡
锡酸钾	白色结晶		易溶于水，溶液呈碱性，不溶于乙醇、丙酮；其最重要的用途是配制镀锡及其合金的碱性电解液
锡酸锌	白色粉末	3.9	溶解温度大于 570℃，毒性很低；主要用于生产无毒的阻燃添加剂和气敏元件的原料
硅酸锡			

2.6　锡的有机化合物

　　锡的有机化合物的定义是至少含有一个直接锡—碳键的化合物。相对于硅或锗的有机化合物，锡—碳键一般较弱并具有更大的极性，与锡相连的有机基团更易脱离，然而，这种相对较高的活性并不意味着锡的有机化合物在通常条件下不稳定。锡—碳键在常温下对氧是稳定的，并且对热也非常稳定（许多锡的有机化合物蒸馏几乎不分解），强酸、卤素及其他亲电子试剂易使锡—碳键断裂。在自然环境中，有机锡最终降解为无机物，不对生态构成威胁，这是有机锡的一大优点，主要有机锡的物理化学性质见表 2 – 14。

表 2-14 主要有机锡的物理化学性质

化合物	物理形态（常温）	密度（20℃）/g·cm^{-3}	相对分子质量	熔点/℃	沸点/℃	有机溶剂中的溶解性
四丁基锡 $Sn(C_4H_9)_4$	无色油状液体	1.05	347	-97	145	大多数溶
四苯基锡 $Sn(C_6H_5)_4$	白色结晶粉末	1.48~1.49	427	224~230	大于420	常温下微溶，高温下易溶
三丁基氧化锡 $(C_4H_9)_3SnOSn(C_4H_9)_3$	无色液体	1.17	596	小于-45	210~240	溶
三丁基氯化锡 $(C_4H_9)_3SnCl$	无色液体	1.2~1.3	325.5	30	142~172	大多数溶
三丁基氟化锡 $(C_4H_9)_3SnF$	白色结晶细粒		309	240		大多数微溶
三丁基醋酸锡 $(C_4H_9)_3SnOOCCH_3$	白色结晶体	1.27	349	80~85		溶于苯和甲醇
三丁基苯酸锡 $(C_4H_9)_3SnOOCC_6H_5$	液体	1.19	411		166~168	
三苯基醋酸锡 $(C_6H_5)_3SnOOCCH_3$	白色结晶粉末		409	119~124		微溶于乙醇和芳香族溶剂
三苯基氯化锡 $(C_6H_5)_3SnCl$	白色结晶粉末		385.5	103~107		溶于芳香族溶剂和氯化碳
三苯基氧化锡 $(C_6H_5)_3SnOH$	白色粉末		367	118~124		溶于苯、甲醇和普通溶剂
二甲基二氯化锡 $(CH_3)_2SnCl_2$	无色固体		220	106~108	185~190	溶
二丁基二醋酸锡 $(C_4H_9)_2Sn(OOCCH_3)_2$	液体	1.32	351	8.5~10	142~145	溶
二丁基月桂酸锡 $(C_4H_9)_2Sn(OOCC_{11}H_{23})_2$	液体	1.05	632	22~27		溶于苯和丙醇
二丁基马来酸锡 $(C_4H_9)_2Sn(C_4H_2O_4)_2$	白色粉末		346	103~105		不溶

2.7 锡合金

锡能与元素周期表中第 Ⅰ 族的锂、钠、钾、铜、银、金，与第 Ⅱ 族的铍、镁、钙、锶、钡、锌、镉、汞，与第 Ⅲ 族的铝、镓、铟、铊、镱、镧、铀，与第 Ⅳ 族的硅、锗、铅、钛、锆、铪，与第 Ⅴ 族的磷、砷、锑、铋、钒、铌，与第 Ⅵ 族的硒、碲、铬，与第 Ⅶ 族的锰及第 Ⅷ 族的铁、钴、镍、铑、钯、铂等形成二元和多元合金以及金属间化合物。

锡的二元合金主要有：Sn-Pb，Sn-Sb，Sn-Bi，Sn-Fe，Sn-Cd，Sn-Al 等。

现常用的多元锡合金主要有：Sn - Pb - Bi，Sn - Pb - Sb，Sn - Sb - Cu，Sn - Pb - Ag，Sn - Pb - Ca 等。

详细介绍可参见黄位森主编的《锡》。

锡合金广泛用于工业、农业、国防科技、医学等各行各业，常用于电子产业，如电子元件、焊料、保险丝等。现在很多锡企业都在大力研究锡合金的组成、结构和性质，开展锡的深度加工，这样不仅为研究新的锡合金材料、制定热加工工艺方案、开辟锡合金新的应用领域提供科学依据，而且对锡冶金中的还原熔炼、粗锡火法精炼以及锡的某些金属间化合物在半导体工业、超导材料制备等诸多方面具有重要意义。锡易与周期表中的许多金属和非金属元素形成化合物，由于其原子键和晶体结构的多样性，使得这类化合物具有许多特殊的物理化学性质，为寻求锡的新材料和新用途展现了广阔的前景。

3 锡的资源和用途

3.1 锡矿物

根据元素的地球化学分类，锡划为亲铁元素，锡在岩石圈上部具有亲氧和亲硫的两重性。最常见的锡矿物是锡石，锡石在表生条件下化学性质极其稳定，当原生矿床的锡石经风化剥蚀和地表水搬运沉积后，形成砂锡矿床，部分微粒的锡石也可被氧化铁、黏土类矿物或锰结核所吸附而分布于硫化物矿床的氧化带及砂矿中，锡的硫化物、硫酸盐和硅酸盐矿物，在氧化带可形成木锡和水锡石。

锡矿床与酸性岩浆岩的关系密切，具有明显的专属性，与锡矿物生成的有关的含锡花岗岩岩石，成分常具有高硅、高铝、富钾钠、贫钙镁、富氟的特点。锡矿床在地壳的分布很不均匀，具有区域集中分布的特点。锡矿床常产于一定的成矿带或层位，矿床的形成和分布与地质构造关系密切。

目前世界上已知的锡矿物有 50 多种，可分为自然元素、金属互化物、硫化物、氧化物（锡石）、氢氧化物、硅酸盐（硅锡矿）、硫锡酸盐（黄锡矿，又称为黝锡矿）、硼酸盐等几类，见表 3 - 1。在地壳岩石圈中的锡矿物主要是以锡石状态存在，常见矿物还有黝锡矿、辉锑锡铅矿、硫锡矿、硫锡铅矿、硫锡银矿、圆柱锡矿、硼钙锡矿、马来亚石、钽锡矿等 10 余种。锡的工业矿物很少，以现有选冶技术条件，有工业价值的锡矿物仅有锡石和黝锡矿，且以锡石为主。

表 3 - 1 常见锡矿物

锡矿物名称	分 子 式	含锡量/%	储存情况
自然锡	$\beta - Sn$		稀少
锡 石	SnO_2	78.8	主要工业矿物
硫锡矿	SnS	78.7	稀少
钽锡矿	$SnTa_2O_7$	25.13	稀少
斜方硫锡矿	Sn_2S_3	71.2	稀少
黄锡矿	Cu_2FeSnS_4	27.61	常见
硫锡铅矿	$PbSnS_2$	30.51	稀少
硫锡铜矿	Cu_3SnS_4	30.05	稀少
辉锑锡铅矿	$Pb_5Sn_3Sb_2S_{14}$	17.1	稀少
圆柱锡矿	$Pb_3Sn_4Sb_2S_{14}$	26.5	稀少
硅钙锡矿	$CaSnSi_3O_{11}H_{14}$	27.7	很稀少
硼钙锡矿	$CaSn(BO_3)_2$	42.9	很稀少

锡矿物名称	分子式	含锡量/%	储存情况
马来亚硅锡矿	$CaSnSiO_5$	44.5	稀少
硫锡银矿	Ag_8SnS_6	10.11	稀少
锡铝硅钙矿	$Ca_2Sn[AlSi_3O_8]_2(OH)_6$	13.59	稀少
水镁锡矿	$MgSnO_2(OH)_6$	42.8	稀少
黑硼锡铁矿	$(Fe^{2+},Mg)_2(Fe^{3+},Sn)BO_5$	10	稀少
硅锡矿	$3SnSiO_4 \cdot 2SnO_2 \cdot 4H_2O$	48.35 ~ 55	很稀少
羟锡石（水锡石）	$Sn_3O_2(OH)_2$	62.2	很稀少

纯锡石（SnO_2）含锡 78.8%，但由于天然锡石中常含有铁、锰、铟、钽、铌、钨、锗、钒、铍和钪等元素，其中以铁最多，所以天然锡石的含锡量仅为 70% ~77%。纯锡石是无色透明的，天然锡石因含杂质元素不同而颜色各异，一般常见的为褐色和棕色。锡石的莫氏硬度为 6 ~7，性脆，密度为 6.8 ~7.0g/cm³。在各种类型锡矿床中均有锡石产出，其中以锡石石英脉和热液锡石硫化物矿床最具有工业价值。原生锡石矿经风化破坏后常形成砂锡矿。

黝锡矿（黄锡矿）的化学组成为（%）：Cu 29.58，Fe 12.99，Sn 27.61，S 29.82，呈钢灰色。黝锡矿的莫氏硬度为 3 ~4，性脆，密度为 4.3 ~4.5g/cm³，属热液成因，分布较广，在钨锡石英脉或锡石硫化物矿床中常有产出，但分布数量较锡石少得多。在氧化带中的黝锡矿易氧化、分解，而形成白色非晶质锡的氢氧化物——锡酸矿 $SnO_2 \cdot nH_2O$。

3.2　锡矿资源

世界锡矿床分布很不均匀，按全球锡矿相对集中的部位，将其分布划分为 5 个主要的锡成矿带，即东亚滨太平洋锡成矿带、西美滨太平洋锡成矿带、东南亚—东澳大利亚锡成矿带、欧亚大陆锡成矿带及非洲锡成矿带。5 个成矿带的储量分别约占世界总储量的 23%，11%，42%，7.5% 和 8%。

我国锡成矿区受滨太平洋、特提斯—喜马拉雅及古亚洲三大巨型深断裂体系控制。根据锡矿所处构造部位和区域分布的关系，大体上可划分为 10 个锡矿带：东南沿海锡矿带、南岭锡钨矿带、个旧—大厂锡矿带、川西锡矿带、川滇锡矿带、桂北锡矿带、赣北锡矿带、内蒙古—大兴安岭锡矿带、北天山锡矿带等。

根据成矿的原因或开采条件，锡矿床大致可分为两大类：（1）原生矿床（俗称山锡、脉锡矿床）；（2）冲积矿床（俗称砂锡矿床）。根据锡矿成分又可分为：（1）硫化矿床（锡石与重金属硫化物、黄铁矿等相结合）；（2）氧化矿床（锡石分散在氧化物脉石中）。

原生矿床是天然存在，由石英、伟晶花岗岩及其他岩石构成的矿脉。矿脉的宽度不一，由几厘米至 1m 以上。矿石从岩石中开采出来后，经选矿处理便得到锡精矿。原生矿床的矿物组成比较复杂，除含锡石外，还含有各种伴生矿物，如黄铁矿、黄铜矿、闪锌矿、方铅矿等。

冲积矿床（砂锡矿床）是由含有锡石的原生矿床在自然因素的影响下而形成的，因为锡石的密度、硬度和化学稳定性都较其他伴生矿物大，所以当它受到崩溃、风化和冲洗等外力作用时，脉石便变成了细砂，而锡石不会崩溃因而残存、积集在原生矿床风化后生成的疏松沉积层中，如此经过多次天然的选矿从而形成砂锡矿床，所以砂锡矿床一般出现在原生矿床附近，它的矿物组成及其生成情况与形成该砂锡矿的原生矿相似，但较原生矿简单，大多只含有密度与锡石密度相近的伴生矿物，由于易开采，采矿作业成本低，是锡矿的主要工业类型之一。

美国矿业局发表的《矿产品概览》最新储量资料报道，世界上锡的储量基础为 $1000 \times 10^4 t$，储量 $700 \times 10^4 t$。世界上有 40 多个国家拥有锡矿资源，除中国外，国外锡储量主要分布在马来西亚、泰国、印度尼西亚、巴西、玻利维亚、俄罗斯、澳大利亚、扎伊尔、英国等国，它们的锡储量约占世界总储量的 75%。我国锡矿资源丰富，现已探明的储量居世界前列，同国外产锡国相比，我国锡矿资源有以下特点：（1）锡矿床高度集中，主要分布于云南、广西、江西、广东、湖南五省（区），占全国已利用储量的 98%，其中云南、广西两省（区）即占 80%；（2）锡矿床类型以原生脉锡矿为主，原生矿储量约90%，砂锡矿仅占 10%；（3）原生矿以亲硫系列矿床为主，约占脉锡矿储量的 85%。

锡矿的开采品位不断下降，目前砂锡矿的开采品位为 0.009% ~ 0.03%，最低仅0.005%；脉锡矿开采品位一般在 0.5% 以上；易处理的伟晶岩锡矿和含锡多金属矿，锡的开采品位可低于 0.3%。由于原矿品位低，必须经过选矿产出含 Sn 为 40% ~ 70% 的精矿，才能送冶炼厂处理。

3.3　锡的用途

锡是人类最早生产和使用的金属之一，始终与人类的技术进步相联系。从青铜器时代到如今的高科技时代，锡的重要性和应用范围不断显现和扩大，成为先进技术中一种不可缺少的材料。

锡在人们的生产和生活中起着重要的作用。锡最重要的特性是熔点低、能与许多金属形成合金、无毒、耐腐蚀、具有良好的展性以及外表美观等。在人们的日常生活中，锡主要用于马口铁的生产，它用作食品和饮料的包装材料，其用锡量占世界锡消费总量的30% 左右。另外，锡用于制造合金，锡铅焊料中锡用量占世界消费总量的 30% 以上，由于锡及其合金具有非常好的油膜滞留能力，所以锡还广泛用于制造锡基轴承合金。

锡能够生成范围很广的无机和有机锡两大类化合物。人们在很早以前就认识和使用了无机锡化合物，但是一直到 19 世纪 50 年代中期才首次合成有机锡衍生物，约一百年以后有机锡化合物才在工业上获得重要应用，具有各种用途的有机锡化合物迅速增加，至今其数量已远远超过了无机锡化合物的数量。

锡的化工产品有广泛的工业用途，其中最重要的用途是用于金属表面镀锡，以起保护或装饰作用，并在药剂、塑料、陶瓷、木材防腐、照相、防污剂、涂料、催化剂、农用化学制品、阻燃剂及塑料稳定剂等方面广泛应用。

3.3.1　金属锡的用途

3.3.1.1　用于马口铁镀锡

马口铁是两面都镀上一层很薄的锡的钢板或钢带。制造马口铁所使用的钢材为低碳软钢，钢板厚度一般为 0.15 ~ 0.49mm，每一级厚度之间的差别为 0.01mm。镀锡量通常为

2.8 ~ 15g/m²（电镀法）或 11 ~ 20g/m²（热浸镀法），镀层的质量只占成品总质量的 0.6% 左右。马口铁的镀层与钢基材料结合紧密，在经受机械变形时不会脱落或产生裂纹，因此马口铁同时具有钢的强度、可加工性、可焊性和锡的耐腐蚀性、无毒、可涂漆和美观装饰性，这些特性使得它广泛用于制造刚性容器，特别适用于食品和饮料的包装，也可用于非食品包装，如油漆、油的化学品的包装，此外，还可以用于制造玻璃瓶的螺旋盖和塞子。用于制罐工业的马口铁占 90%，其余 10% 用于非包装材料。在电气工业和电子工业中，马口铁用于制作收音机和扩音机的外壳、底座、电容器材、继电器和其他元件的保护罩以及防漏电瓶的屏蔽层，另外还用于普通照明工程、模压件、玩具制造、办公用品、厨房用具、制作展览和广告招牌等。

3.3.1.2　用于锡箔生产

锡箔的加工方法是利用金属锡具有良好的展性而将其冷轧，逐渐将锡锭轧制成厚度可达 0.004mm 的锡箔。锡箔主要用于一些高级干式电容器中，锡箔之间则用纸质绝缘层隔开。由于无毒、无腐蚀性和无弹性，锡箔也用于包装巧克力和乳制品，但用量有限。某些酒瓶盖顶衬有锡箔片，以防止酒与软木塞接触。在必须使用纯锡而不是锡铅合金的特殊焊接工艺中，锡箔用于制作预型件。掺有金刚石粉的锡箔可用作研磨剂或抛光剂。

3.3.1.3　玻璃工业和其他用途

在玻璃制造新工艺中，熔融玻璃（温度 1000℃ 以上）直接倾注到锡熔池的光滑表面上，并用含有一定量氢的氮气保持熔池不受氧化。熔融玻璃浮在液体锡表面上，由于不接触任何固体支撑物，所以凝固生成的玻璃平板上下两平面平行而且非常平整，不需磨光即可使用（俗称浮法玻璃生产工艺）。

熔融锡具有特殊的热性质，其良好的导热性能使玻璃表面沿宽度方向上的温度均匀。此外，玻璃熔体不会在光洁的锡表面无限延展，这就有可能通过控制工艺参数来生产一定厚度的玻璃平板。通常生产的玻璃板的厚度为 3 ~ 15mm，可用于制作镜子、门窗玻璃和汽车的挡风玻璃等。

金属锡还有一些其他用途，如在蒸馏装置中处理高纯度水时，使用纯锡作衬里材料，锡不与纯水起化学作用，对水没有污染。

纯锡可制成软管用于配制药品。锡制软管可安装上皮下注射针头，在非常情况下（如战场上）可供伤病人员自己注射作止痛剂用。锡管的最大优点是无毒和不受药品腐蚀，而且由于无弹性，可以被折叠而将药物完全排空。

镀锡铅管可用于包装牙膏、调味汁和颜料等，但在这方面的应用已逐渐被铝管和塑料管所取代。

据报道，美国斯坦福大学的研究人员将液态锡用于核反应堆作为反应介质，以减少核废料的产生和降低辐射危险，他们还研究将液态锡用于核废料的再生回收，以代替常规的溶剂萃取技术。

高纯锡则广泛用于制造半导体和超导合金。

3.3.2　锡合金的用途

3.3.2.1　锡铅焊料

生产焊料所用锡量占世界锡消费量的 30% 以上，而锡焊料中有 75% 用于电子工业。

由于焊接工艺的改进，焊料的用量有所减少，但随着电子工业（包括计算机、电视机和通讯系统）的迅速发展，焊料的用量仍在稳步增长。

锡—铅二元合金是使用最普遍的焊料合金。大多数电气和电子元件的焊接和测试仪表器件的焊接都使用接近锡—铅共晶成分的高锡焊料，这种成分焊料的优点是熔点低且具有最大湿润能力。高锡焊料也用于罐头边缝的焊接。对精密度要求不高的焊接，如一般工程细管配件、汽车水箱和灯座等的焊接，可以采用含锡稍低的焊料。

随着环保要求的日趋严格，现在许多国家都禁止使用含铅的锡焊料焊接饮用水管，而含 Ag 3.5% 的 Sn – Ag 焊料和含 Cu 0.9% 的 Sn – Cu 焊料以及含 Sn 95.5%，Cu 4% 和 Ag 0.5% 的 Sn – Cu – Ag 焊料已成功地替代了锡—铅焊料，因而无铅焊料的广泛使用将导致锡消耗量的增加。

3.3.2.2 锡青铜

早在青铜器时代，Cu – Sn 合金就开始用于制造工具、武器和工艺品，至今，约占世界锡消费量 6% 的锡用于配制锡青铜，且这种状况还会持续下去。锡加入铜中不仅能增加铜的强度，而且还可改善其承载能力和赋予良好的耐腐蚀性能。虽然有某些铜合金可以替代锡青铜，但是对于许多特殊用途而言，锡青铜仍是必不可少的，这主要是由于锡青铜兼有下列特性：（1）较高的机械强度和硬度；（2）较好的导电性；（3）易于浇铸和加工；（4）抗腐蚀性强；（5）有优良的承载能力；（6）易焊接。基于这些特性，锡青铜可用于制造电工弹簧和线材，用于制造在腐蚀性环境中使用的阀门等零件，也可用于浇铸件、锻压件或烧结件等。

3.3.2.3 轴承合金

由于锡合金具有表面滞留润滑油膜的性质和良好的耐磨性能，所以它是制造轴承的理想材料。含锡轴承合金主要有巴氏合金、铝锡合金和锡青铜。巴氏合金由于机械强度不够，只能作为强度较大的轴瓦的衬里使用，而另外两类则可以用于制造无轴瓦的整体轴承。巴氏合金可分为高锡合金、高铅合金以及含锡和铅都较高的中间合金。对于这三类巴氏合金，主要的硬化合金元素是锑和铜。巴氏合金主要用于大型船用柴油机主轴承和连杆轴承，汽轮机和大型发电机的轴承，中小型内燃机、压缩机和通用机械等的轴承。

铝锡合金在 20 世纪 30 年代就已用于制造飞机发动机轴承，其含 Sn 6%，通常制造不带轴瓦的整体轴承，加入少量的 Cu，Ni，Si 和 Mg 并进行热处理，可以增加合金的强度，如含 Sn 20% 的铝合金轴承，其抗疲劳强度虽比含 Sn 6% 的低，但适应性好，能够与未硬化的轴承配合使用。含 30% 及 40% 锡的铝合金可用于制造带钢轴瓦的冲压套圈轴承。现在可以采用连续辗压工艺将铝锡合金带压接到钢轴瓦上，然后用于生产轴套。通过热处理，可以增强锡合金和钢轴瓦之间的连接强度，此种轴承现已取代巴氏合金轴承，大量用于汽车制造工业。

锡青铜用于制造轴承时往往加入 P 或 Pb，含 Sn 10% 及含 P 大约 0.5% 的磷青铜轴承的强度很大，适合于在高负载和高温下使用。加铅可以改变锡青铜的表面性能，但会降低锡青铜原有的强度、耐磨性和抗变形能力。含 Sn 5% 和 Pb 20% 的铅青铜具有良好的轴承性能，可以在润滑条件差的情况下工作，广泛用于制造火车和农机轴承以及某些内燃机轴承。烧结青铜轴承由于内部具有许多小孔隙，在预先浸渍润滑油后，可用于不需定期维修的小型机械。

除了锡铅焊料、锡青铜和轴承合金外，还有锡器合金、易熔合金等。

3.3.3　锡化合物的用途

锡的化合物分为无机和有机两大类。常见锡的化合物及其用途见表 3-2。

表 3-2　锡的主要化合物及用途

有机化合物	主　要　用　途
氧化亚锡	用作制造其他锡化合物的中间原料；宝石红玻璃制造时的还原添加剂；氢氧化锡形态用于浸没式镀锡
二氧化锡	瓷釉的颜料和遮光剂；大理石或花岗石及缝纫针的抛光剂；玻璃涂层，提高玻璃的强度和耐磨性；铅玻璃熔融生产中作为电极；催化作用显著，用作多相催化剂；用于离子交换；用作导电涂层；在其作用下生产各种特殊性能的玻璃
二氯化锡	试验还原剂；配制电镀锡等的电镀液；镜子生产、眼镜制造、塑料镀铜的敏化剂；香皂的香味稳定剂；油类的抗淤沉剂；石油钻探泥浆的添加剂；感光纸的锡涂层；漂白剂；超高压润滑油的组分；毛织品的阻燃剂
四氯化锡	生产有机锡化合物的原料；制造品红、沉淀色料和陶瓷釉料；丝绸增重剂；香皂的香味稳定剂；丝绸染色的媒染剂；制造晒图纸或其他感光纸；玻璃器皿表面处理的加强剂；毛织品的阻燃剂
硫酸亚锡	主要用于锡电镀工艺中；修整液；在钢丝制造中作浸没镀锡液
锡酸钠	最重要的是用于电镀锡及其合金；用于浸没镀锡，在汽车铝合金活塞零件上形成光洁镀层；做陶瓷电容器的基体、颜料和催化剂
二硫化锡	处理木材和石膏青铜色的着色剂；颜料
锡酸钾	用于碱性镀锡的电镀液；陶瓷电容器的基体；催化剂
醋酸亚锡	煤高压氢化的催化剂；织物印染色的促进剂
砷酸锡	动物、鸟和禽身上寄生虫的有效杀虫剂
砷酸亚锡	塑料、橡胶制品中的高效无毒催化剂和稳定剂
氟硼酸亚锡	牙科药剂的原料；防止龋牙的牙膏添加剂；放射性药物扫描检查剂
焦磷酸亚锡	锡合金的镀槽液；放射性药物扫描检查剂
酯基锡	新型的聚氯乙烯热稳定剂
四丁基锡	矿物烃类润滑油的防腐蚀添加剂；与 $AlCl_3$ 及某些金属氯化物一起使用，作为烯族低压聚合过程催化剂
四苯基锡	清除微量无机酸（如盐酸）的净化剂；烯族聚合反应的催化剂
三丁基氧化锡	杀虫剂；黏合剂
三丁基氯化锡	缆索塑料复层中的防啃剂
三丁基氟化锡	防污油漆配料
三丁基醋酸锡	防污涂料；含卤素聚合物的稳定剂；生产聚氨酯泡沫塑料的催化剂
三丁基苯酸锡	杀虫剂和杀菌剂；木材防腐剂
三苯基醋酸锡	保护马铃薯、甜菜和芹菜的杀虫剂

有机化合物	主　要　用　途
三苯基氯化锡	防污涂料；船舶外壳防腐剂；杀虫剂
三苯基氢氧化锡	杀虫剂；消毒杀菌剂
三环己基氢氧化锡	杀虫剂
六甲基二锡	杀虫剂
二甲基二氯化锡	玻璃加固剂
二丁基二醋酸锡	制造聚氨酯泡沫塑料的催化剂；室温硬化硅酮合成橡胶的催化剂
二丁基二月桂酸锡	聚氯乙烯的稳定剂；聚氨酯泡沫塑料的催化剂；室温硬化硅酮合成橡胶的催化剂；治疗鸡肠内蠕虫的感染
二丁基马来酸锡	聚氯乙烯的稳定剂
二正辛基锡顺式丁烯二酸盐聚合物	包装食物用聚氯乙烯的有效热稳定剂
异辛基巯基醋酸盐	包装食物用聚氯乙烯的热稳定剂
二有机锡二卤化物的络合物	抗肿瘤药物
一丁基锡硫化物	食品级聚氯乙烯稳定剂
一丁基锡三氯化物	玻璃上二氧化锡薄膜
丁基氯化锡二氢氧化物	酯化和反式酯化反应催化剂

　　锡的有机化合物主要应用于两个领域：（1）用作杀虫剂；（2）用作塑料工业的稳定剂和催化剂。锡的有机化合物代表了锡用途的一个重要方面，当今全世界每年约有 14000t 的锡用于生产有机锡，而每年生产和消耗的有机锡已超过 40000t。现在锡的有机化合物在工业上的应用远比其他任何元素的有机化合物都多。

　　除了传统的用途外，锡化合物还有许多新的用途，包括在高科技领域内的应用。现在世界每年大约消耗 24000t 锡用于生产锡化工产品，以最终产品计，这意味着每年将生产出 60000t 各种各样的锡化合物，说明了锡化合物的种类繁多和应用范围广泛，随着锡化合物应用的开发，锡在这方面的消耗还将有所增长。

3.4　锡的生产与消费

3.4.1　锡的生产

　　1960 年以前，世界锡生产国有 1/2 的锡精矿是出口的，20 世纪 70 年代以后下降到 1/4，其主要原因是由于发展中国家，传统的精矿出口国，如泰国、印度尼西亚、玻利维亚、尼日利亚等相继新建或扩建了自己的锡冶炼厂，使得主要靠进口锡精矿生产原生锡的发达国家，如欧洲的英国、比利时、荷兰、德国等的锡产量大减，产锡国地位下降。美国的锡产量也从占世界总产量的 18% 下降至 20 世纪 70 年代后的 2% 以下，90 年代后被迫逐步停止原生锡的生产。

　　世界上除了原生锡的生产外，还有再生锡，它包括从锡的废旧料中回收的金属锡以及从青铜、黄铜、焊料、其他合金和化工产品中回收的锡两大部分。前者金属锡的年产量为10000t左右,后者回收的锡无精确的统计及报道,估计约为4×10^4t/a,它不包括在世界锡的总产量中。实际上,再生锡产量约大于5×10^4t/a,占世界锡产量的19%左右。再生锡的主要生产国是发达国家,如美国、日本、英国、德国、意大利及荷兰、比利时等国。

我国锡矿资源储量大,生产历史悠久,据1995年第三次全国工业普查统计,我国锡工业企业有334家,其中有217家采选企业和112家冶炼企业,主要冶炼企业有云南锡业集团公司和柳州华锡集团。2000年,我国精锡产量占世界总产量的40.07%。

3.4.2　锡的消费

锡的消费以工业发达国家如美国、日本、德国、英国、法国、俄罗斯等为主,但这些工业发达国家的消费量有不同程度的下降,而中国及亚洲、拉丁美洲等发展中国家及地区锡消费量却有不同程度的增加,中国已跨入锡消费大国的行列。

锡消费主要用于马口铁、焊料和合金三大领域以及新发展起来的化学制品。目前,马口铁用锡比例有所增长,其原因是:从工艺上看,镀锡层变薄变轻似乎已到极限;从市场看,马口铁制罐的用量,所占比例由45%上升到55%。世界锡消费中,焊锡比例稳步增长,电子工业在亚洲发展中国家蓬勃发展,并且电子、电气工业已使用高锡焊料,现在焊锡用锡成为锡消费最重要部分,占32%,已超过马口铁使用锡所占比例29%。

鉴于对锡基化合物毒性认识的加深,使有些锡的终端用途受到限制,如船底涂料多使用三丁基锡化合物,联合国海事关系委员会针对海洋保护问题,决定全面禁止使用锡类船底涂料,因此需要开辟锡化合物新的用途。在锡的消费大国中,美国消费的锡中,32%用于焊锡,23%用于电子工业,11%用于交通运输工具,9%用于建筑,25%用于其他用途。日本的锡消费中,用于焊锡的比例特别高,占50%。中国锡的消费量正稳步增长,国内锡消费量约为2.43×10^4t,马口铁用锡占5%以上,焊锡约占50%,加上合金用锡共占70%~80%,化学制品用锡占5%左右,其他用锡占10%~20%。

4 锡矿的采选技术

4.1 锡矿开采

锡矿开采历史悠久,可以追溯到青铜器时代。随着科学技术的进步,锡矿开采技术也在不断发展。

4.1.1 锡矿开采综述

我国的锡矿开采主要在云南、广西,其次为湖南、广东、江西,根据矿床的开采条件,各矿山在长期的生产实践中,不断寻求适合于各自矿区特点的开采工艺、技术和装备,无论在露天砂锡矿水力机械化开采方面还是在坑内脉锡矿开拓方式和采矿工艺方面,都取得了长足的进步。

国内外锡矿的开采都受矿体开采条件的制约,客观存在技术的多样性和水平的参差不齐。在露天开采中,既有最原始的人工淘洗开采,也有现代化的采锡船开采。在地下开采中,既有镐挖人背的小洞开采,也有无轨设备的机械化开采。

锡矿的可采品位,随着矿种的不同,锡价的波动和开采方法的差别,变动范围很大。普遍存在的问题是开采品位不断下降,砂锡矿开采品位已降至0.009%~0.03%,最低仅为0.005%。脉锡矿开采品位一般在0.5%以上,易处理的伟晶岩锡矿和含锡多金属矿床中,锡的开采品位可低于0.3%。在锡价下跌的情况下,许多锡矿经营者在千方百计提高出矿品位。

4.1.2 锡矿开采的特点

锡矿开采同其他金属矿产开采相比,既有共同之处也其自己的特点:

(1) 以露天开采砂锡矿为主,逐步转向开采地下脉锡矿。由于砂锡矿赋存于地表,露天开采比地下开采容易,工艺简单,基建投资少,建设周期短,生产成本低,成为各国重点采用的方法,从砂锡矿中产出的锡占世界锡总产量的65%以上,巴西、印度尼西亚、泰国、马来西亚等,是开采砂锡为主的国家。目前,多数国家开采高品位砂锡矿的兴盛时期已经过去,随着砂锡矿资源逐渐消耗,脉锡矿的开采在增加,但由于脉锡矿多埋藏于地下,绝大多数为地下开采,因此,需要大量的井巷工程,耗用大量投资,加之建设周期长,生产成本高,要增加锡产量比较困难,玻利维亚、澳大利亚、俄罗斯、英国等是以地下开采脉锡矿为主的国家,目前砂锡矿的锡产量已远低于脉锡矿。

(2) 砂锡矿主要采用水力机械化(水枪—砂泵)开采和采锡船开采。开采残(坡)积砂锡矿和海滨砂锡矿的方法有:人工挖采(淘洗)、机械干式开采、水力机械化开采和各种采锡船开采,后两种方法所占比重最大。

　　我国的云锡公司和平桂矿务局的砂锡矿开采经历了由人工开采、机采机运、机采水运的过程，最终都发展成为以水力机械化开采，即水枪冲采、矿浆自流或砂泵输送的水采水运工艺为主的开采。

　　（3）脉锡矿以地下中小型矿山开采为主。国内外的脉锡矿除个别矿山，如加拿大的东肯普特韦尔、我国云锡的大斗山矿采用露天机采外，绝大部分矿山均采用地下开采。在地下开采的约30座矿山中，澳大利亚的雷尼森设计年出矿85万吨，我国大厂铜坑设计年出矿198万吨，均属大型矿山，其余多为中小矿山。

4.1.3　锡矿开采实例

　　老厂锡矿是云南锡业公司主要的地下开采矿山之一，矿区面积约41.9km^2，开采范围约16.7km^2，有两个生产坑口。

4.1.3.1　矿床开采条件

　　老厂锡矿为锡、铜、铅、钨、铋等多金属共生矿床，储量丰富，矿体多，分布广，目前主要开采的矿种有网状矿、氧化矿和硫化矿，以产锡铜金属为主，并综合回收钨、铋、硫等。

4.1.3.2　矿石开拓和运输

　　该矿山开采历史悠久，在不同时期有不同的井田范围、开采深度和开拓方式。20世纪50年代初期，井田范围约3km^2，从地表（2350m）下掘东、西两竖井至2150m中段，系单一竖井开拓方式，后来从2150m中段至地表开掘了"五级斜井"（箕斗井），把井下矿石提升至索道起点站矿仓，经索道运往选矿厂，东井提升废石，西井作为人行和材料井。20世纪60年代以后，开拓了最低水平2050m主平硐及溜渣井，至此，石渣不再提升，经溜井放至2050m中段，再用电机车运至坑外排渣场，五级斜井提升氧化锡矿，东井提升铅矿，西井仍为人行和材料井，井田范围扩大至6km^{2}以上。20世纪80年代，对网状矿、氧化矿、硫化矿三矿种全面开发，演变为平硐溜井、竖（斜）井开拓方式，矿岩全部经溜井下放至2050m主平硐，用机车将氧化矿、硫化矿分运至各自的索道起点站矿仓，石渣排入废石场。

4.1.3.3　采矿方法

　　老厂锡矿采用的主要采矿方法有：分段崩落法（包括有底柱和无底柱），主要用于开采网状矿和低品位氧化矿和硫化矿；分层崩落法，用于开采高品位氧化矿；上向水平分层胶结充填法，主要用来开采高品位硫化矿。

4.2　锡矿选矿

4.2.1　锡矿石的特点

4.2.1.1　有价锡矿物的单一性

　　已发现的锡矿物有50多种，但只有锡石和黝锡矿（又称为黄锡矿）才具有工业价值。黝锡矿提供世界的锡金属量少于1%，因此，锡矿石中有价锡矿物主要是锡石，由于锡石密度为6.8~7g/cm^3，比矿石中脉石矿物的密度大得多，因此，以往重选是锡矿石选矿的主要方法。

4.2.1.2 锡石化学性质的稳定性与物理性质的易碎性

锡石不溶于一般的酸或碱，在自然风化过程中具有相当高的稳定性。伟晶岩和石英脉等原生锡矿床形成的砂锡矿，遭风化和搬迁越烈，锡石单体分离度越好，越集中在可选粒级范围内，可选性越好。锡石—硫化物矿床氧化越深，原矿含泥越多，伴生的硫化物被氧化后，与锡石分离困难或难以综合回收。锡石性脆而易碎，在磨矿时易过粉碎，故阶段磨矿，阶段选矿形成了锡矿石选矿的一大特点。

4.2.1.3 锡矿石中伴生有价矿物的多样性

在各类锡矿石中，常分别伴生有铁、锰之类的黑色金属矿物，铜、铅、锌、钨、铋、锑等有色金属矿物，钪、锆、钽、铌、铟、镉、铈、镧等稀有、稀土金属和稀散金属矿物，还有硫、砷、萤石等非金属矿物。伴生有用矿物多，且密度又彼此相近，有的共生致密，决定了锡矿石选矿必须采用重、浮、磁、电等多种选矿方法以至化学方法，才能使这些伴生矿物与锡石分离和综合回收，这是锡选矿的另一大特点。

4.2.1.4 锡矿石品位低

与铜、铅、锌等有色金属矿相比，锡矿石品位低，易选的砂锡矿品位仅0.01%～0.1%，脉锡矿除少数富矿区外，平均低于1%，而锡精矿品位最低要求40%以上，即富集比高达百倍至数千倍，这就要求易选矿石尽量采用高处理能力、低消耗的设备及方法。对难选矿石，为了缓解回收率与富集比之间的矛盾，则在产出高品位精矿的同时，另行产出低品位精矿或中矿，再采用不同的冶金方法处理，这也是锡选矿的又一特点。

我国的锡资源丰富，储量居世界前列，然而大多为锡石多金属共生矿及次生的氧化脉锡矿和残坡积砂锡矿。与世界锡资源相比，我国的锡矿石总体上具有"贫、细、杂"三大特点，即同类矿石锡平均品位低、锡石粒度细、伴生矿物多，矿物组分复杂、共生关系密切，致使锡石的选收及有价矿物综合回收困难，经过长期的研究和生产实践，我国的锡选矿具有独特的选矿技术，锡矿石的重选及锡石的浮选技术总体上具有世界先进水平。

4.2.2 锡矿石选矿方法综述

锡矿石的选矿与其他矿石选矿一样，有选前准备作业、分选产出精矿和尾矿、选矿产品处理三大部分，但又各有特点，现分述于下。

4.2.2.1 选前准备作业

选前准备作业包括洗矿、预选、碎磨、筛分和分级等，由各类矿石性质决定。

在锡选矿过程中，对于含泥多的残坡积砂锡矿和氧化脉锡矿，洗矿具有重要作用。洗矿可以使泥团碎散，黏结在矿块上的矿泥得以分离，能有效避免流程阻塞，有利于预选和隔除废石，避免单体锡石入磨。常用的洗矿设备有：洗矿筛、水力洗矿床、圆筒洗矿机、槽式洗矿机等。

由于锡矿床地质品位低，加上采矿过程的贫化，入选锡矿石品位更低，通过预选丢出大量脉石和废石，可提高入选品位，增加处理量和精矿产量，降低生产成本。常用的预选设备有：各类重介质选矿机及隔废条筛、振筛、人工手选及光电拣选机、X辐射拣选机等。

　　矿石通过碎矿与磨矿，使有用矿物与脉石单体解离是选矿的前提，除冲积砂锡矿不需碎磨外，根据矿石性质及选厂规模大小，通常采用二至三段碎矿，对小型选厂或选块不大时也可采用一段碎矿。常用的破碎机有颚式破碎机、圆锥破碎机，粗精矿还需破碎时，用对辊破碎机。磨矿段数则根据锡石嵌布粒度及共生关系而定，一般采用二至三段磨矿、阶段选别流程，第一段常用棒磨机，第三段常用球磨机，第二段则视具体情况而定。

　　筛分在锡选厂中有四种用途：（1）破碎作业的预先筛分和检查筛分；（2）粗粒级选前分级；（3）洗矿、隔渣；（4）闭路磨矿。常用的筛分设备有固定条筛、板筛、网筛、圆筒筛、振动筛、弧形筛、高频细筛等。对重选来说，分级的重要性是人所共知的，以重选为主的锡选矿，分级脱泥更具有特殊意义。原矿制备作业中，泥砂的分级及中细粒级的选前分级，其目的是为了提高分选效率，脱出废弃矿泥对入选物料起到富集作用，不仅提高分选效率，还节约大量分选设备，提高经济效益，此外，分级还可用于闭路磨矿和磨前浓缩脱水。常用的分级设备有机械分级机、水力分级机（箱）、分泥斗及水力旋流器。

4.2.2.2　分选方法

　　锡矿石的分选方法主要是重选，但对多数矿石来说，还必须配合以浮选、磁选、电选等物理选矿方法，有的还需焙烧、挥发、浸出等化学方法，形成多种选矿方法联合及选冶联合的流程，以达到提高锡回收率，降低精矿杂质含量及综合回收有价矿物的目的。

　　锡选厂中常用的重选设备，主要有用于预选的锥形或鼓形重介质选矿机、重介质旋流器，用于矿砂选别的跳汰机、圆锥选矿机、螺旋选矿机（溜槽）、粗细砂摇床，用于矿泥选别的离心选矿机、摇动翻床等，用于矿泥选别的皮带溜槽、横流皮带溜槽，矿泥摇床等。在东南亚，至今还使用木溜槽作为砂锡矿的粗选设备，一些小型选厂还使用着圆槽、匀分槽、淘洗盘、铺布溜槽等土法淘洗设备。近半个世纪以来，重选设备的发展，主要表现在粗选设备高效、低耗、大型化及下降回收粒度下限两个方面。

　　浮选在锡选矿中的作用主要有三个方面：（1）从矿泥中浮选回收细粒锡石；（2）在粗精矿中浮选分离各种伴生矿物；（3）在锡石—硫化矿的选矿主干流程中分离各种硫化矿物。根据不同情况，浮选可用于重选的前面，也可用于重选的后面，因而就有重—浮—重、浮—重—浮、浮—重、重—浮等多种选矿流程。

　　磁选和静电选主要用于重选粗精矿的精选。磁选可进行锡石与铁矿物、黑钨矿、钽铌矿、独居石等的分离。静电选多用于锡石与白钨矿、锆英石、独居石等的分离。磁选也应用于主干流程，其主要作用是在重选或浮选前除去磁性矿物，以提高重选或浮选的效率。

4.2.2.3　选矿产品处理

　　由于锡矿石品位低，锡精矿品位高，精矿产率小，故重选锡精矿仅用自然沉降脱水即可，若无特殊要求，一般可不需经过过滤、干燥过程，但对综合回收的铜、铅、锌、硫等浮选精矿及锡石浮选精矿，产量大时则需要浓缩过滤作业。

　　尾矿处理是锡选矿的重要环节，尾矿排放量大，堆存时必须注意少占农田和用后复田。尾矿水的净化、回收利用既是环境保护的需要，也是降低生产成本的重要措施。

4.2.2.4　选矿流程及指标

　　锡矿石的选矿原则流程如图 4 - 1 所示，矿石性质、选矿方法，选矿指标等见表 4 - 1。

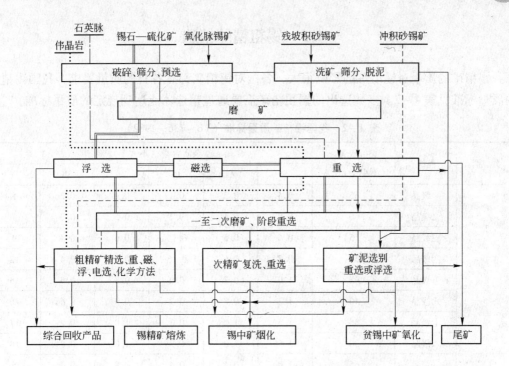

图 4-1　主要锡矿石的选矿原则流程

·····伟晶岩；---石英脉；══锡石—硫化矿；──氧化脉锡矿、残坡积砂锡矿；---冲积砂锡矿

表 4-1　主要锡矿石的性质和选矿方法及指标

矿石类型	冲积砂锡矿	残坡积砂锡矿	锡石—氧化矿	含锡—伟晶岩	锡石—石英脉	锡石—硫化矿
矿物组分	中等	较复杂	较复杂	较简单	较复杂	复杂
共生关系	简单	复杂	复杂	较简单	较简单	复杂
锡石嵌布粒度	粗中粒	细粒	中、细粒	粗粒	粗、中、细	粗、中、细
锡石单体离解度	基本离解	细磨后基本离解	细磨后基本离解	细磨后离解	细磨后离解	磨后基本离解
矿石可选性	粗选甚易精选稍难	难选	较难选	易选	粗选较易精选较难	难选与较难选
选矿方法	重选、粗选、多种方法精选	重选、可磁选精选	重选、可磁选精选	重选、可磁选精选	重选、粗选、多种方法精选	重、磁、浮选
原矿品位/%	0.01~0.05	0.15~0.5	0.4~1.2	0.05~0.1	0.1~0.5	0.4~1.5
精矿品位/%	>70	40~50	50~55	70	>60	50~55
回收率/%	70~90	50~60	60~85	60~70	60~80	30~80

4.3 锡粗精矿精选

锡精矿的质量对锡冶炼的影响很大，各国对锡精矿都有各自的质量要求，我国锡精矿的质量标准见表4－2。多数选出的锡粗精矿需要通过精选才能达到规定的质量标准。

表4－2 我国锡精矿质量标准（YB－736—1982）

类　别	品级	Sn含量（不小于）/%	杂质含量（不大于）/%					
			S	As	Bi	Zn	Sb	Fe
一类	一级品	65	0.4	0.3	0.1	0.4	0.2	5
	二级品	60	0.5	0.4	0.1	0.5	0.3	7
	三级品	55	0.6	0.5	0.15	0.6	0.4	9
	四级品	50	0.8	0.6	0.15	0.7	0.4	12
	五级品	45	1.0	0.7	0.2	0.8	0.5	15
	六级品	40	1.2	0.8	0.2	0.9	0.6	16
	七级品	35	1.5	1.0	0.3	1.0	0.6	17
	八级品	30	1.5	1.0	0.3	1.0	0.8	18
二类	一级品	65	1.0	0.4	0.4	0.8	0.4	5
	二级品	60	1.5	0.5	0.5	0.9	0.5	7
	三级品	55	2.0	1.0	0.6	1.0	0.6	9
	四级品	50	2.5	1.5	0.8	1.2	0.7	12
	五级品	45	3.0	2.0	1.0	1.4	0.8	15
	六级品	40	3.5	2.5	1.2	1.8	0.9	16
	七级品	35	4.0	3.5	1.4	1.8	1.0	17
	八级品	30	5.0	4.0	1.5	2.0	1.2	18

锡粗精矿精选的目的有两个：（1）将重选粗精矿精选后以提高锡品位。（2）脱出锡粗精矿中的杂质，综合回收有价组分。各类粗精矿中常见的伴生矿物，大多数的密度近于锡石，显然只用重选难以使之分离，故需要采用重、浮、磁、电等多种物理方法的联合工艺。在某些情况下，还需按它们的化学性质差异，应用化学方法，采取选冶联合工艺，才能达到分离或回收的目的。

至于精选工序的确定或精选厂的建立，要视具体情况而定。一般而言，规模大、服务年限长的选厂自成系统，设置相互衔接的粗选和精选工序。对矿区分散、选厂规模小和经常搬迁的冲积砂锡矿选厂，则宜分散粗选，粗精矿集中于矿区中心的精选厂或在冶炼厂内设精选车间精选。

4.3.1 锡石与硫化物的分离

锡石—硫化矿及石英脉矿重选产出的锡粗精矿往往含硫高，硫化物常以黄铁矿、磁黄铁矿和毒砂存在，有的以黄铜矿、方铅矿、闪锌矿、辉铋矿等存在，这些硫化物的可浮性比锡石高，因此，锡石与硫化物的分离主要采用浮选，生产中常用粒浮与泡沫浮选相结合的工艺。

粒浮的特点是在重选和浮选的联合作用下，可简化工艺流程，提高分离效果，处理粒度上限达4mm，可节省磨矿、避免锡石过粉碎，设备和操作简单，适应性强，大小厂均可使用。缺点是药剂用量大，约为泡沫浮选的2~3倍。

泡沫浮选处理小于0.2mm的细粒，其工艺流程、药剂制度与相应的硫化矿石浮选相似，且更容易浮选，但浮选浓度一般要求较高。

我国锡选厂常用的粒浮设备主要有粒浮摇床（台浮）、粒浮圆槽、粒浮溜槽、卧式螺旋粒浮桶及粒浮箱等。泡沫浮选因粗精矿量不大，常采用小规格浮选机或采用单槽分批浮选。

脱硫浮选的生产流程因锡粗精矿不同而各异，一般粗精矿精选，首先进行脱硫，含硫高时，在后续的重选、磁选、电选间还需再插入脱硫作业。粗精矿含硫低时，则可先进行重、磁、电选后再脱硫。锡石与硫化物的解离度较粗，应采用粒浮为主的流程。解离度粗细不均匀，采用粒浮与泡沫浮选联合工艺。解离度较细的粗精矿，必须再磨或粗精矿粒度较细不需磨矿时，则以泡沫浮选为主。流程的确定和药剂制度的选择，既要达到较高的脱硫效率，又要降低泡沫产品中锡的损失。锡石与硫化物分离流程如图4-2所示。

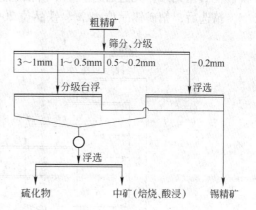

图4-2 锡石与硫化物分离流程

图4-2所示为高砷、高硫锡粗精矿脱硫生产流程，0.2mm以上各粒级分别进行台浮，药剂用量（kg/t）：硫酸6~8、黄药1.3~1.8，煤油0.6~0.8。小于0.2mm粒级时，用3号浮选机浮选，矿浆pH值4~5，药剂用量为（kg/t）：硫酸3~4，丁黄药0.6~1，2号油0.02~0.04。

生产指标列于表4-3。浮选槽中产物为锡精矿，泡沫产品磨矿后再分离各种有价硫化物，其中，若含铋大于10%则作为铋精矿产出，若含铋小于10%则送去氧化焙烧、酸浸回收铋。当粗精矿含硫、砷高，采用选矿方法难以达到精矿质量标准时，还需要用焙烧方法进一步脱硫、砷。

表4-3 锡精矿脱硫砷生产指标 （%）

产品名称	产率	品位						锡回收率
		Sn	Fe	Pb	Bi	As	S	
给矿	100.00	56.41	9.86	1.7	0.34	5.84	3.24	100.00
精矿	83.08	64.73	3.0~4.0	0.65~1.0	0.05~0.06	0.43~0.5	0.36~0.5	95.1
硫化物	16.92	1.03	38.9	3.4	1.7	32.1	17.1	4.9
伴生元素脱出率			61.88	64.02	86.0	93.02	89.44	

4.3.2 锡石与氧化铁矿物的分离

从残坡积砂锡矿及氧化脉锡矿产出的锡精矿含铁高，铁矿物呈褐铁矿、赤铁矿及少量磁铁矿，与锡石常致密共生，这类粗精矿锡铁分离，在生产中有下述三种方法。

4.3.2.1 重选为主的粗精矿精选

某精选厂的粗精矿成分为（%）：Sn 8~10，Pb 0.6，Bi 0.02，S 1.3，As 0.99，FeO 42.5。其特点是可供回收的只有锡，相当多的锡石与氧化铁矿物致密结合，铁矿物中有一定量的强磁性矿物。根据粗精矿的性质，采用以重选为主的磁重联合流程精选，如图 4-3 所示。用弱磁选机磁选除去强磁性矿物后，重选流程由跳汰、螺旋选矿机、摇床组成，回收粒度由粗到细，先选后磨，中矿阶段磨选，整个流程形成三段磨矿、四段选矿。

精选后，精矿锡品位 48%、铁品位 20%，锡回收率 93%，尾矿锡品位 0.7%~12%。

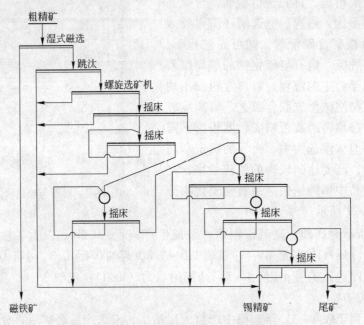

图 4-3 重选为主的锡铁分离精选流程

4.3.2.2 磁选为主的粗精矿精选

云锡公司残坡积砂锡矿及氧化脉锡矿产出的锡精矿或粗精矿含铁高，主要为褐铁矿、赤铁矿。早在 20 世纪 50 年代，采用干式磁选对锡精矿进行除铁试验，70 年代又在黄茅山选厂进行了一年的粗精矿磁选工业试验，磁选机为永磁湿式强磁场感应辊，80 年代对锡品位 40% 的锡精矿在新冠选厂精选车间进行了工业试验，磁选机采用电磁湿式强磁场感应辊。目前，磁选用于生产的是粗精矿精选，古山及卡房选厂用 ϕ600mm 或 ϕ1000mm 的平环湿式强磁选机，老厂等选厂则用 ϕ560mm 双盘干式强磁选机，其中卡房选厂粗精矿锡品位 15%~18%，铁品位 33%~35%，按图 4-4 所示的浮—磁—重联合流程精选，磁选机磁感应强度 1200mT，产出锡精矿、黑钨精矿、锡中矿、贫锡中矿。锡精矿品位 41%~43%，铁品位 13%~15%，锡回收率 86%~88%。

生产实践表明，干式及湿式磁选各有优缺点。干式磁选对大于 0.074mm 粒级分选效率高，容易操作调节，但处理量低，且需预先干燥，故多在粗精矿量不多时采用。对于含小于 0.074mm 粒级多且粗精矿量大时，只能采用湿式磁选，它处理量大，不需干燥作业，但给矿要求严格，需隔除粗粒及强磁性矿物，且产品需浓缩脱水。在磁选机的机型选择上，干式多为双盘或三盘强磁选机，湿式则以平环强磁机为主。

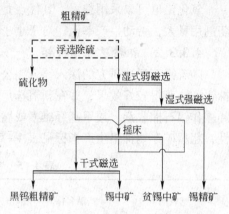

图 4-4 磁选为主的锡铁分离精选流程

4.3.2.3 焙烧磁选除铁

云锡冶炼厂锡精矿品位（％）：Sn 41.69，Fe 29.8，As 3.54，S 4.49，精矿先经焙烧除砷、硫后，90％以上的铁矿物转化为强磁性矿物，只要弱磁选即可除去。经试验，一次干式磁选，磁感应强度 20～30mT，锡回收率 90％以上，锡品位 60％以上，铁下降至 10％以下，磁性产品磨矿后再干式或湿式磁选，锡回收率可提高至 96％～97％，磁性产品锡品位 6％～8％。经两次干式磁选的非磁性产品即锡精矿，锡品位 55％，铁品位 12％，锡回收率 94％。锡精矿送还原熔炼，磁性产品为锡中矿，送烟化炉硫化挥发回收锡。

4.3.3 锡石与氧化铅矿物的分离

残坡积砂锡矿及氧化脉锡矿经重选后，伴生的白铅矿、砷酸铅、铅矾等氧化铅矿物同锡石一起进入精矿，重选精矿锡按铅品位的高低而分为高锡低铅、低锡高铅、锡铅混合三类。锡石与这些氧化铅矿物的可浮性有一定差异，故锡铅分离以浮选为主。一般而言，高锡低铅以浮铅抑锡为宜，高铅低锡则可浮锡抑铅，锡铅品位相近的混合精矿则视具体情况而定，白铅矿多则浮铅，难选铅多则浮锡。

4.3.3.1 粗精矿浮铅抑锡

氧化铅矿物的浮选是在矿浆中加入硫化钠使氧化铅矿物表面硫化而被黄药所捕收，用硫化钠、丁黄药进行氧化铅的浮选，以水玻璃为锡石抑制剂，获得的生产指标见表 4-4。铅回收率低的原因是各种氧化铅的可浮性不同，要提高难选铅的回收率，将增加锡的损失。

表 4-4 粗精矿氧化铅浮选生产指标　　　　　　　　　　　　　　　　（％）

粗精矿类别	产品名称	品　位		回　收　率	
		Pb	Sn	Pb	Sn
高锡低铅	给矿	10～15	45～50	100.00	100.00
	铅精矿	65～70	1～3	60～70	5～10
	锡精矿	3～6	55～60	10～30	95～99
高铅低锡	给矿	31.77	15.99	100.00	100.00
	铅精矿	71.73	1.62	72.09	2.57
	锡精矿	15.20	27.96	27.91	97.43

氧化铅也可以采用粒浮，其优点是可以不磨矿、设备简单，适用于小型选厂，缺点是药剂用量大，劳动生产率低，对于小于 0.074mm 粒级效率低。

4.3.3.2 粗精矿浮锡抑铅

随着锡石浮选研究的深入，云锡公司在 20 世纪 70 年代末，对低锡高铅精矿采用浮锡抑铅方法获得较好效果，并在新冠选厂建立了锡铅分离精选车间，以混合甲苯胂酸或苄基胂酸作锡石捕收剂，羧甲基纤维素或腐殖酸钠为抑制剂，加碳酸钠调整矿浆 pH 值至弱碱性，粗精矿浮锡抑铅生产指标见表 4-5。

表 4-5 粗精矿浮锡抑铅生产指标   （%）

捕收剂	产品名称	品 位		回 收 率	
		Pb	Sn	Pb	Sn
混合甲苯胂酸	给矿	10.25	33.74	100.00	100.00
	铅精矿	31.71	17.51	88.83	14.91
	锡精矿	1.64	40.28	11.17	85.00
苄基胂酸	给矿	9.54	35.51	100.00	100.00
	铅精矿	32.32	19.08	88.39	14.02
	锡精矿	1.52	41.32	11.61	85.98

浮选浓度 45%，磨矿粒度 -0.074mm 占 85%，pH 值 7~7.5，药剂用量（kg/t）：胂酸 1.5，Na_2CO_3 0.8，羧甲基纤维素 0.22，松油 0.04。

锡石与氧化铅的浮选分离，难以得到较纯的精矿，往往锡精矿中铅高，铅精矿中锡高，而在锡的还原熔炼中，铅与锡一起进入粗锡，通过精炼而得到精锡和焊锡，因此，对锡铅混合精矿炼前是否要选矿进行锡铅分离，应视粗精矿锡铅品位高低、对精锡与焊锡的产量要求、当时当地经济效益及技术条件而定。

4.3.4 锡石与钨矿物的分离

锡精矿内常伴生有钨矿物，多为黑钨矿和白钨矿，它们具有与锡石相近的密度，有时共生致密，需要用选冶联合工艺才能使之有效分离。锡石与黑钨矿的磁导率差最大，故以磁选分离为主。锡石与白钨矿的可浮性和导电性均有一定差异，可用浮选或电选分离之。对一些选矿难以分离的中间产品，可根据锡和钨的化学性质差异，用化学方法分离。

4.3.4.1 锡石—黑钨矿的分离

黑钨矿是弱磁性矿物，在强磁场中可与锡石分离，使用的干式磁选机为 $\phi560mm \times 400mm$，永磁对辊强磁机、$\phi560mm$ 双盘电磁强磁机或 $\phi850mm$ 单盘电磁强磁机，磁感应强度大于 1000mT。入选粒度上限为 3mm，下限为 0.074mm，分级磁选比宽粒级磁选效率高，大于 3mm 者需破碎，小于 0.074mm 的矿粉不宜过多。磁选前粗精矿应干燥，水分不大于 1%。

某锡石—黑钨矿混合粗精矿含量为（%）：Sn 40~50，WO_3 16~21，Pb 1.6~3.2，Bi 0.1~0.3，As 0.3~0.5，S 0.4~1.0。伴生矿物主要是方铅矿、辉铋矿、磁黄铁矿等，在精选厂通过筛分进行分级磁选，流程如图 4-5 所示，生产指标见表 4-6。

表4-6 锡石—黑钨矿磁选分离生产指标 （%）

产品名称	产率	品　位		回　收　率	
		Sn	WO$_3$	Sn	WO$_3$
粗精矿	100.00	45~50	16~21	100.00	100.00
锡精矿	79~90	59~67	2.3~5	95~98	31~42
粗钨精矿	20.21	7.9~22	40~50	2~5	58~69

　　磁选的非磁性产品经粒浮或泡沫浮选，浮出硫化物后即得到合格的锡精矿。磁性产品为粗钨精矿，因其含锡高、含 WO$_3$ 低，故必须再次精选，方能得出钨精矿和钨锡中矿，后者用化学方法产出合成白钨和锡精矿。

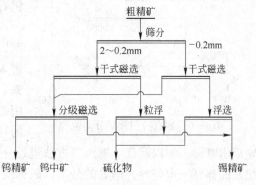

图4-5 锡石—黑钨矿磁选分离流程

4.3.4.2 锡石—白钨矿的分离

　　锡石的导电性较好，在静电场内可成为导电产品，从而实现与非导电白钨矿的分离。

　　静电选矿的给矿需分为窄级别，粒度上限为3mm，并应严格脱出细矿粉。矿料在给矿箱内预先加热，使水分小于1%并保持温度105~150℃。由于电选适于处理的粒级范围较窄，操作条件严格，生产能力低，故应用上受到较多限制。

　　白钨矿的可浮性高于锡石，故也可用浮选使锡石与白钨矿分离。白钨矿的浮选，通常用脂肪酸类捕收剂，矿浆 pH 值9~10，加水玻璃抑制锡石、萤石、方解石。如矿料中含硫高，应先将硫化物脱出或钨精矿再脱硫。生产实践表明，大于0.2mm 宜用粒浮，小于0.2mm 则用泡沫浮选。粒浮应在矿浆浓度75%~80%、温度80~100℃时进行调浆。泡沫浮选浓度为30%左右，矿浆温度35~40℃，精、扫选次数及流程结构依具体情况而定。

　　广州精选厂的锡石—白钨矿粗精矿成分为（%）：Sn 41~47，WO$_3$ 2.5~5，Fe 1~1.5，除锡石及白钨矿外，还含有少量黄铁矿、毒砂及石英等。其联合选矿流程如图4-6所示，生产指标见表4-7。粗精矿脱硫后再浮选白钨，粒浮和泡沫浮选的槽内产品为锡精矿，浮出物经干燥、筛分，+0.015mm 各级静电选得白钨精矿、少量锡精矿和钨中矿，-0.015mm 粒级及静电选中矿合并后用化学法处理，得合成白钨及锡精矿。

表4-7 锡石—白钨矿分离生产指标 （%）

产品名称	产率	品　位				回收率	
		Sn	WO$_3$	As	S	Sn	WO$_3$
给矿	100.00	53.24	6.85	3.48	2.19	100.00	100.00
锡精矿	80.32	64.01	1.98	0.37	0.11	96.57	23.21
白钨精矿	7.20	0.24	66.55	0.12	0.10	0.03	69.93
锡钨中矿	5.08	25.06	6.89			2.39	5.11
硫砷精矿	7.40	7.33	1.03			1.01	1.75

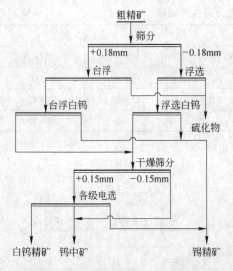

图 4-6　锡石—白钨矿分离流程

4.3.5　锡石与稀有、稀土矿物的分离

冲积砂锡矿、锡石—石英脉、含锡伟晶岩中常伴生有钽铌矿、铌铁矿、钛铌钽矿，冲积砂锡矿中还伴生有钛铁矿、锆英石、独居石等。对伴生有这些稀有、稀土矿物粗精矿的精选，若单体解离充分，矿物组分较为简单时，可利用它们与锡石物理性质的差异而采用不同的选矿方法使之分离。如钽铌矿磁导率高于锡石，主要用磁选分离，在磁感应强度 1000～1200mT 时，钽铌矿物进入磁性产品，而锡石在非磁性产品中富集。钛铁矿与锡石在磁导率及密度方面均有差异，故可用磁选或重选两者结合使之分离。锆英石与锡石的导电性差异较大，可浮性及密度也有一定差别，故常用电选、辅以浮选、重选等方法进行分选。独居石与锡石在密度、磁性、电性、可浮性方面都有一定差异，两者的分离以磁选或浮选为主，辅以电选或重选。

锡石与这些矿物分离的困难在于有的单体解离不充分、共生关系复杂，有的矿物组分繁多，不仅要产出合格锡精矿，又要使这些矿物彼此分离为单独产品而综合回收，因此这类粗精矿的精选，仅用某种选矿方法难以达到目的，必须采用重、磁、浮、电等选矿方法的联合工艺，经多次精选、扫选，中矿反复再选的流程。对某些中间产品，还需要用化学方法才能使之分离。

4.3.5.1　钽铌矿与锡石的分离

广西栗木锡矿，锡—钨石英脉矿选厂的粗精矿含量为（%）：Sn 18、WO_3 4～5、$(TaNb)_2O_5$ 3.7，主要矿物为锡石、黑钨矿、钽铌铁矿、钛钽铌矿、磁铁矿、毒砂、黄铁矿及石英、长石等。钽铌矿物约有一半与锡石、黑钨矿致密共生，相互包裹，粒度一般在 14μm 以下，采用重—磁—浮联合流程精选后，磁性产品为黑钨—钽铌精矿，含 WO_3 37.2%、回收率84.34%，含 $(TaNb)_2O_5$ 21.2%，回收率58.4%，另外还含有 Sn 6%。非磁性产品脱硫后为锡石—钽铌精矿，含锡57.3%、回收率83.06%，含 $(TaNa)_2O_5$ 3.63%，回收率26.07%。钽铌与锡石、黑钨矿的进一步分离则需要化学方法，锡石—钽铌精矿经还原熔炼，产出金属锡，钽铌及钨进入炉渣，经进一步处理后，回收钽、铌、钨。

4.3.5.2　冲积砂锡粗精矿精选

广东坂潭锡矿的冲积砂锡矿，经跳汰为主的流程粗选后，粗精矿锡品位仅为1.2%，有用矿物为锡石、铌铁矿、钛铌钽矿、褐钇铌矿、锆英石、独居石、磷钇矿、钛铁矿、磁铁矿、褐铁矿、赤铁矿等，脉石矿物为石英、黄玉、石榴子石、电气石、黑云母等。

粗精矿精选流程如图 4-7 所示。先经振动筛筛出大于 3mm 脉石，小于 3mm 粒级用跳汰、摇床进一步富集，丢出大量尾矿，重选精矿用磁选除铁得锡精矿。摇床中矿1、中矿2分别先用磁选后用电选，导电产品再磁选，进一步除铁及选出钛铁矿。电选尾矿和磁选尾矿分别摇床再选后得到锡精矿和尾矿，中矿再经电选、磁选、摇床多次选别，获得锡

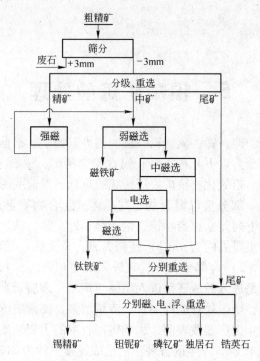

图 4-7 锡石与稀有、稀土矿物分离流程

石、钽铌矿、磷钇矿、独居石、锆英石、磁铁矿等精矿及难选中矿。

　　锡精矿品位为 70.69%，精选回收率 97.33%，铌铁矿和钛铌钽矿精矿分别含 (TaNb)$_2$O$_5$ 55% 及 25%，锆英石精矿含 ZrO$_2$ 60% ~ 62%，独居石精矿含 ThO$_2$ 4% 以上，磷钇矿精矿含 Y$_2$O$_3$ 30% 以上，钛铁矿精矿含 TiO$_2$ 48% ~ 49.5%，综合回收产品的产量占总产量的 70%，产值占总产值的 72%。

5 锡精矿炼前处理

锡矿资源伴生有铁、砷、锑、硫、铅、铋、钨等矿物质，根据矿物组成的不同，各选矿厂产出的锡精矿可以分为以下几种类型：锡铁矿物精矿；锡石—硫化物精矿；锡、钨、钽、铌精矿；锡石—铁、铅氧化物精矿。用传统的重选、浮选或磁选等物理方法较难分离除尽矿物中的杂质，有一部分会以混合物、共晶体或化合物等形式伴随精矿进入锡冶炼厂，故精矿中一般含有下列元素：铅、铋、铜、锌、砷、锑、铁、硫、硅、钙、铝等。这些杂质元素在熔炼时的主要去向为：（1）造渣，铁、硅、钙、铝的氧化物进入炉渣，约有10%的铁进入粗锡；（2）大部分的锌、硫进入烟尘和烟气；（3）大部分铅、铋、铜、锑、砷进入粗锡。无论是进入炉渣还是进入粗锡与烟尘，杂质元素均会给后续工序带来麻烦，使精炼工艺复杂化，烟尘处理流程加长，渣量增多，使锡冶炼回收率降低，作业费用升高。根据云锡公司多年生产实践表明，影响锡回收率的主要杂质元素有砷、硫、铜、铁等。还原熔炼时原料中1t砷，产生的各种浮渣造成锡损失约为212kg，1t硫造成锡损失约为81kg，1t铜造成锡损失约为619kg，1t铁造成锡损失约为20kg。为了简化流程、降低成本、提高锡的冶炼回收率，锡精矿在还原熔炼前必须经过处理，以脱除有害杂质，同时，炼前处理也是综合回收各种有价金属的途径。

根据锡精矿的化学成分和炼锡厂所采用流程的不同，炼前处理作业可单独使用或联合使用。

20世纪末至21世纪初，随着全球对环境保护和能源节约重视程度的不断提高，有的工厂将锡精矿的炼前处理与炼后的烟尘与炉渣的处理相结合，进行了一些有益的探索，如将含As、S杂质高的锡精矿与炉渣或烟尘搭配焙烧，为锡冶炼企业节能降耗、提高技术经济指标和改善环境起到了事半功倍的效果。

锡精矿的炼前处理通常有以下四类方法：

（1）焙烧法脱除砷、硫、锑或磁化精矿内的铁，或提高其他金属的溶解性；

（2）磁选法脱铁或钨；

（3）浸出法脱钨、铋、砷、锑或其他金属杂质；

（4）烧结法转化钨、铁、铋、铅等杂质的物理或化学性质，提高金属的溶解性，使其与浸出法配套。

为确保入炉混合料的综合杂质含量控制在经济运行范围内，炼锡企业对入炉锡原料杂质的监控一般要求较严，其中硫、砷、锑、铜和铋等杂质含量均需控制在1%以下。

5.1 锡精矿的焙烧

锡精矿焙烧的主要作用是：除去精矿中的砷、硫、锑等杂质；使 Fe_2O_3 转变为 Fe_3O_4 便于磁选或转变为 FeO 便于浸出；使 SnO_2 转变为 SnO 或金属锡供酸浸；使铅、铋呈氯化物挥发；使高钨的锡精矿中的钨生成钨酸钠，便于水浸脱钨；将物料烧结变成烧结块。

锡精矿焙烧处理的物料主要包括：硫高而砷、锑少的精矿；砷、锑高的精矿；高铁的锡精矿；复杂低锡物料；高铅铋精矿；高铁的锡中矿；高钨的锡精矿等。

锡精矿的焙烧方法可分为：氧化焙烧，氧化还原焙烧，还原焙烧，氯化焙烧，苏打烧结焙烧等。

锡精矿焙烧的设备主要有多膛炉，回转窑，反射炉，液态化炉等。

某些锡精矿成分见表 5 - 1，从表中数据可以看出，有害杂质砷、锑、硫等含量很高，故锡精矿焙烧主要是除去这些杂质。

表 5 - 1　锡精矿化学成分　　　　　　　　　　（%）

序号	Sn	Pb	Zn	Sb	As	S	Fe	SiO₂	CaO
1	55.44	0.21	0.99	0.14	2.04	6.34	15.02	5.20	1.35
2	51.33	0.37	0.83	0.19	2.16	6.33	16.01	6.06	1.12
3	49.24	0.41	0.91	0.22	2.09	5.80	13.66	7.56	1.30
4	53.27	2.05	2.16	0.55	1.27	3.51	7.51	6.19	0.7

在熔炼过程中，硫会生成 SnS 而挥发，降低锡冶炼直收率，而砷、锑则大部分被还原进入粗锡，使精炼过程除砷、锑作业的浮渣量升高，因此，采用氧化焙烧及氧化还原焙烧的方法，使硫、砷、锑呈 SO_2，As_2O_3 和 Sb_2O_3 等气态物质挥发除去，同时也除去部分铅。

以氯化物形式挥发除去杂质的氯化焙烧，加入食盐（NaCl）进行焙烧脱除铅、铋，可使铋降低到 0.1% 以下，这种焙烧法对设备有腐蚀，并有少量锡变成 $SnCl_2$ 挥发，因此只在个别工厂采用。

5.1.1　焙烧的基本原理

硫、砷和锑在锡精矿中存在的主要形态为：黄铁矿（FeS_2）、毒砂（FeAsS）、铜蓝（CuS）、砷磁黄铁矿（$FeAsS_2$）、黄铜矿（$CuFeS_2$）、砷铁矿（$FeAs_2$）、辉锑矿（Sb_2S_3）、脆硫铅锑矿（$Pb_2Sb_2S_5$）、黄锡矿（Cu_2FeSnS_4）和方铅矿（PbS）等。

锡精矿中某些硫化物受热时将发生热离解，其主要反应如下：

$$FeS_{2(s)} = FeS_{(s)} + \frac{1}{2}S_2$$

$$2CuFeS_{2(s)} = Cu_2S_{(s)} + 2FeS_{(s)} + \frac{1}{2}S_2$$

$$2CuS_{(s)} = Cu_2S_{(s)} + \frac{1}{2}S_2$$

$$4FeAsS_{(s)} = 4FeS_{(s)} + As_{4(g)}$$

$$FeAs_{2(s)} = FeAs_{(s)} + \frac{1}{4}As_{4(g)}$$

在焙烧温度条件下，其离解压见表 5 - 2。

表 5 - 2   锡精矿中某些硫化物的离解压　　　　　　　　　　（Pa）

硫化物	不同温度下的离解压				
	450℃	550℃	650℃	750℃	850℃
FeS_2	0.02	32	10279	1060339	
CuS	2104	116402	2696575		
$CuFeS_2$	7×10^{-5}	0.01	0.6	14	190
$FeAsS$	10.2	714	19938	290370	2624557
$FeAs_2$	6.3×10^{-10}	1.18×10^{-4}	0.53	252	28134

从表 5 - 2 中所列数据可知，离解反应温度升高，其离解压增大，某些硫化物（如 FeS_2，CuS，$FeAsS$）的离解压相当大，离解出的 S_2、As_4 均呈气态挥发而部分除去。离解所产生的 S_2、As_4 蒸气相遇时易生成 As_4S_6：

$$As_{4(s)} + 6S === As_4S_{6(g)}$$

其反应的趋势较大，或 $As_4S_{6(g)}$ 较稳定，有利于上述热离解反应的进行，此外，$As_{(s)}$、$As_2S_{3(s)}$ 和 $Sb_2S_{3(s)}$ 也能部分升华除去。部分硫化物的离解压见表 5 - 3。

$$4As_{(s)} === As_{4(g)}$$

$$As_2S_{3(s)} === As_2S_{3(g)}$$

$$Sb_2S_{3(s)} === Sb_2S_{3(g)}$$

表 5 - 3 $As_{4(s)}$、$As_2S_{3(s)}$、$Sb_2S_{3(s)}$ 的离解压　　　　　　（Pa）

硫化物的离解压	温度/℃				
	450	550	650	750	850
p_{As_4}	1564	30068	109567（603℃）		
$p_{As_2S_3}$	19.8	105	386	623（693℃）	
$p_{Sb_2S_3}$	0.15	21	181	1014	4180

黄铁矿是较易焙烧的硫化物，受热离解可释放一半硫，将矿粒破碎或使矿粒空隙变多，可增大其与氧气的接触面，降低焙烧反应的燃烧点。

毒砂和砷磁黄铁矿在 220℃时，分解反应明显，400℃时，As_4 的蒸气压是 609.32Pa，600℃时达到 76664.75Pa。

一部分硫化物在温度达到一定程度时，会发生相变，由固态转变为气态，挥发脱离固体精矿，如 As_2S_3 的沸点是 565℃，As_2S_2 的沸点是 717℃。

矿物的热离解和相变挥发，属于吸热反应，需外供热才能实现，杂质脱除不彻底，在焙烧过程中只起协同作用。

在精矿焙烧过程中起主导作用的是精矿中的物质在一定条件下与空气中的氧发生氧化挥发反应，锡精矿中硫化物发生的氧化反应主要有：

$$2FeS_2 + 5.5O_2 === Fe_2O_3 + 4SO_2$$

$$4FeAsS + 10O_2 === 2Fe_2O_3 + As_4O_6 + 4SO_2$$

$$4FeAs_2 + 9O_2 === 2Fe_2O_3 + 2As_4O_6$$

$$2Sb_2S_3 + 9O_2 \stackrel{}{=\!=\!=} 2Sb_2O_3 + 6SO_2$$

离解反应挥发出来的 S_2、As_4，升华出来的 As_2S_3 和 Sb_2S_3，它们也会在氧化焙烧条件下，氧化变为 SO_2、As_2O_3 和 Sb_2O_3。

SO_2 在常温下为气体，而 As_4O_6 和 Sb_2O_3 的挥发性很大，见表 5-4，它们均随焙烧烟气一道被排除。然而，在氧化焙烧过程中，会有一部分 As_2O_3 和 Sb_2O_3 进一步与氧反应，生成难以挥发的 As_2O_5 和 Sb_2O_5，五氧化物还能与 PbO 等金属氧化物发生反应形成不挥发的砷酸盐与锑酸盐而留在焙烧产品中。

表 5-4 As_2O_3 与 Sb_2O_3 的蒸气压与温度的关系

温度/℃	252	282	352	442	465	温度/℃	600	700	800	900
As_2O_3 蒸气压/Pa	1466.5	5466	19598	67994	101324	Sb_2O_3 蒸气压/Pa	322.6	1096	4237	8532.6

为确保并提高砷和锑的脱除率，生产上一般采用控制炉窑温度低于物料软化点，尽可能在不发生物料软化烧结的前提下，提高焙烧温度，降低炉窑内气体含氧量（或称降低炉气中氧的分压）的方法，减少或避免五氧化二砷和五氧化二锑的产生。

适当降低焙烧过程中炉气的含氧量，可使部分铁在 $Fe-FeO-Fe_3O_4-Fe_2O_3$ 等多元系平衡中，移向 Fe_3O_4 比率更多的位置，可磁化精矿，作为炼前磁选脱铁的一种辅助手段，但在焙烧过程中，磁性铁的生成容易造成窑结或炉结，不仅会影响焙烧生产正常运行，而且会导致磁选尾矿含锡量达 10% 以上，磁选精矿直接回收率偏低。

经过焙烧的精矿，其中所含的多数金属杂质会由原硫化物或碳酸盐形态变为酸或碱的可溶氧化物，因为锡石（SnO_2）化学稳定性高，是酸碱不溶物，所以焙烧也为下一步浸出铋、铜、锑和铅等杂质做好了准备。

5.1.2 锡精矿的焙烧方法

按化学原理，锡精矿的焙烧方法有氧化焙烧法、氯化焙烧法和氧化还原焙烧法等。

氧化焙烧法是指在氧化气氛下，炉气中的氧与矿料中的硫化物，在较高的温度下进行氧化反应，让精矿中的硫、砷和锑等生成挥发性强的氧化物从精矿中除去的焙烧方法。该法一般用于高品位精矿的脱硫或将精矿中的有害杂质硫化物转化为可溶性的氧化物。

氯化焙烧法是指往炉内矿料中加入氯化钙等氯化剂，使矿料中的某些物质形成可溶性或挥发性强的氯化物，达到与锡相互分离的目的。氯化焙烧法作业成本高，一般用于处理含锡低、与高价值金属共存的矿料，如高铅铋精矿等。

氧化还原焙烧法与通常的化学氧化还原反应法是有区别的。氧化还原焙烧是针对矿料中某一物质的化合价而言，例如 $FeAs_2$、As、As_2O_3 和 As_2O_5 等的砷元素，按其化合价由低到高的顺序有 -1，0，+3 和 +5 等化合价，因焙烧的目的是要获得挥发性强的 As_2O_3 中间化合价产物，故必须控制入炉空气中的氧量，否则含氧量过高，会使挥发性强的 As_2O_3 变为不易挥发的 As_2O_5。为了更多地将砷脱除，可在料中加入煤作还原剂或控制煤燃烧产生 CO 还原剂，使 As_2O_5 不生成或生成后又被还原为 As_2O_3 而挥发，这种既有氧化又有还原的焙烧方法，称为氧化还原焙烧法，该法常用于处理高砷锑精矿。

如按采用的焙烧主体设备分类，有回转窑焙烧、多膛炉焙烧和流态化炉焙烧等。如按物料的运动形态划分，则分为固定床焙烧与流态化焙烧等。

　　固定床焙烧是指炉窑内相对静置的物料与流动的炉内气体通过相互碰撞，能量交换，物理化学反应等途径，进行焙烧脱杂的工艺过程或作业方法，如多膛炉各层炉台上静置物料的焙烧就属于典型的固定床焙烧。回转窑内的物料随窑体转动而在窑壁处翻动，仍属于固定床焙烧。

　　流态化焙烧是指物料分散悬浮在向上的气体中进行的焙烧过程或作业方法，如悬浮在流态化炉内物料的焙烧过程就属于典型的流态化焙烧。

5.1.3　流态化焙烧工艺

　　锡精矿流态化焙烧工艺流程如图 5 - 1 所示，设备连接如图 5 - 2 所示。

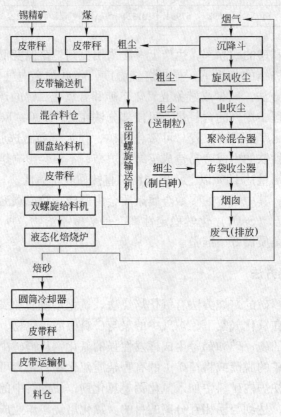

图 5 - 1　流态化焙烧工艺流程图

5.1.3.1　流态化焙烧炉的结构

　　目前，国内用于锡精矿焙烧的流态化炉结构如图 5 - 3 所示，自下而上，由风包、炉底、炉体和炉顶四部分组成，炉外壳由钢板焊接而成。

　　炉底为厚 20mm 以上钢板制作的花板，花板均匀布点钻孔，每平方米钻孔为 80 ~ 100个，每个孔平底边，向上垂直插入焊接一根固定风帽用的无缝钢管，管与管之间用耐热炉底土填实，待风帽插装完毕确认各风帽上风眼都错开方向后，再用耐热炉底土填实固定保护风帽。风帽风眼的总截面积一般为炉底面积的 1.67%。

　　炉体和炉顶，内衬耐火砖，耐火砖与钢壳之间填有保温材料，炉墙厚 460mm。顶钢

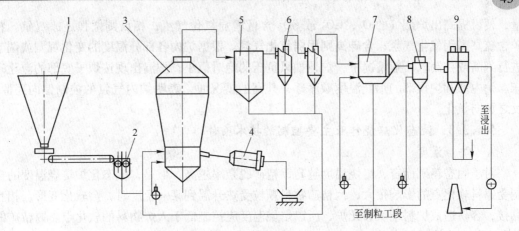

图 5-2　来宾冶炼厂锡精矿流态化焙烧设备连接图

1—料仓；2—双螺旋给料机；3—流态化炉；4—圆筒冷却机；5—沉降圆筒；
6—旋风收尘器；7—高温电收尘；8—骤冷器；9—布袋收尘器

制的盖与炉体钢壳用螺栓连接，大修时便于取开顶盖。

炉体内从下向上，由流态化床与溢流口和进料口组成小柱筒体段、下小上大的台形扩散沉尘段和含有烟气侧面出口的大柱筒体段，炉底风帽到炉顶部烟气出口的高度约在 8m 以上，流化床高度为 0.5~0.85m，以溢流底边为准。

炉底正下方的锥体或台体形状为风包，空气由罗茨鼓风机鼓入风包后，经过风帽阻力板，从风眼进入炉内。

5.1.3.2　流态化焙烧炉的操作

流态化炉开炉前重点检查风帽，确认风帽完好、稳定和风眼无堵塞。炉底均匀铺设约 400kg/m² 底料后，用木材或其他燃料升温，将炉体和炉料烘干，升温至 600℃ 以上，确认炉料干燥松散后，开始鼓风至炉料自燃并形成流化床，温度达 680℃ 以上才能进料。开始的升温速度控制在 5~20℃/min，进入 700℃ 后，通过适当增减料量和入炉风量检查流化床温度是否随之升降，确认炉温在操作可控升降的前提下，提高风量和温度至正常焙烧操作条件。升温过程要密切注视并确保风包压力稳步上升至炉料进出平衡值。

流态化炉正常运行中，风量（m³/h）、风压（Pa）和温度（℃）控制的波动幅度最好不超过 ±10 个单位。

流态化炉内氧化或还原气氛的控制，一般可通过提高入炉风量、减少配入矿料中的煤

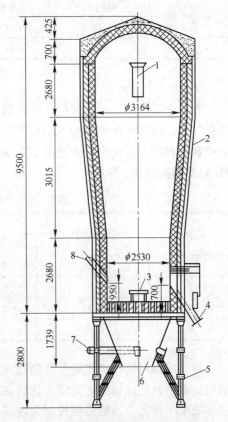

图 5-3　流态化焙烧设备结构示意图

1—烟气出口；2—炉身；3—炉门；4—排料管；
5—炉架；6—风箱；7—进风管；8—加料管

量，便可提高出炉烟气的 O_2、CO_2 或 SO_2 含量增强氧化气氛；相反则增强还原气氛。精矿含硫高需用氧化气氛；含砷高则用弱氧化气氛。根据炉内各部分温度的变化观测或调节进行判断或控制，一般情况下，炉顶抽风负压的绝对值小，炉温出现按炉子底部的流化态床、炉中部和炉顶部的烟气温度顺序逐一升高的情况时，表明炉内气氛的控制偏向还原，反之偏向氧化。

5.1.3.3 流态化焙烧作业主要控制的技术条件

A 焙烧温度

对于固态精矿而言，焙烧温度越高，精矿脱杂率越高，但是，流态化炉焙烧温度的控制受原料软化点的影响很大，因精矿物料颗粒受热升温到某一温度时，会软化变形，相互黏接，容易造成炉料结块和死炉，所以以焙烧温度应控制低于入炉物料的软化点。锡精矿的软化点与矿中含铅量有关，见表 5-5，一般焙烧操作温度比软化温度低 20~30℃，常控制在 850~950℃。

表 5-5 锡精矿的软化点与含铅量的关系

矿产地	新洲矿	长坡矿	巴里矿	五一矿	大厂矿
含铅量/%	3.06	0.7	0.37	0.05	0.13
软化点/℃	805	894	909	932	970

B 炉内气氛

在一定温度下，增大风量，炉内氧化气氛增强，有利于硫的氧化脱除，而脱砷需要弱氧化气氛，以避免难挥发的 As_2O_5 产生。表 5-6 中列出了炉气含氧量与脱砷、硫的关系。表中数据表明，炉气中氧含量从 2.05% 降至 0.3% 时，对硫的脱除影响不大，而脱砷率由 91.83% 提高到 98.49%。

表 5-6 炉气含氧量与脱砷、硫的关系

试验号	炉气中氧含量/%	焙砂含杂质量/%		杂质脱除率/%	
		As	S	As	S
I	2.05	0.11	0.19	91.83	96.59
II	0.75	0.058	0.22	96.18	95.81
III	0.40	0.025	0.33	98.09	93.89
IV	0.30	0.02	0.27	98.49	92.09

柳州冶炼厂的生产实践是控制鼓入风量的过剩空气系数在 1.08 以上，即可达到良好的脱硫效果，因此锡精矿的流态化焙烧应控制弱氧化气氛，此时可同时达到良好的脱硫与脱砷效果。较为合适的风量控制为吨矿 825~976m³，空气过剩系数以 1.1~1.3 为宜。

C 流态化层的高度和焙砂溢流出口的高度

设置应基本相近，流态化层的高度设置对炉子正常运行、炉子的处理能力、脱杂指标影响很大。流态化层的高度越高，物料在炉内的停留时间越长，杂质脱除率越高，但流态化床的阻力越大。流态化层太薄，则气流容易穿透，形成沟流，破坏流态化层的稳定。锡精矿流态化层的高度一般控制在 0.5~0.8m 之间，炉料的平均停留时间一般为

1.9 ~ 2.5h。

D 流态化炉的风包压力

风包压力主要由炉底空气分布板阻力和流态化层的压力降决定。在同一炉内，形成流态化的物料质量越大，则风包内测出的入炉气体压力越高，反之越低。炉底出现炉结时，风包内气体压力一般会大幅度下降。流态化床的温度升高或降低，会引起风包内气体压力跟随降低或升高。国内设计的锡精矿焙烧流化床，其矿料堆积密度一般在 2.54 ~ 3.12g/cm^3 之间，流化床的载矿量为 1.1 ~ 1.5t/m^3，流化床（层）平均温度 780 ~ 960℃，炉子正常运行时风压为 12 ~ 16kPa。

E 入炉气体穿过流态化层的直线速度

直线速度直接影响流态化层的稳定，直线速度低，产生沟流和分层现象，甚至较粗的颗粒也会沉于炉底，或引发炉底形成固定床焙烧，出现炉结，严重时烧毁风帽，或造成炉底形成固定床的粗冷砂堆积，易造成炉温低、杂质脱除率低和炉内熄火。直线速度大，烟尘率大，焙砂的产出率低，若烟尘再次返回流态化炉，易造成软化点低、杂质高和细粒烟尘恶性循环，严重影响炉子正常作业和炉子运行的经济技术和环保指标。锡精矿焙烧的直线速度一般控制在 0.17 ~ 0.62m/s，生产中根据风包压力是否相对稳定，各段炉温测量值是否理想均衡，烟尘量是否低，焙砂产量和质量是否高，脱杂所需的氧化还原气氛是否得到满足等选择合适的鼓风量或直线速度。

F 炉顶气体压力

炉顶气体压力对稳定控制各段炉温、减少烟尘量、提高焙砂产量和质量有较大的影响，在确保烟气不外泄的前提下，一般控制在 −40 ~ 10Pa。由负压向正压偏移，炉内氧化气氛减弱，还原气氛相对增强，烟气或炉温降低，烟尘量减少。

表 5 - 7 列出了流态化焙烧炉技术操作条件的实例。

表 5 - 7 流态化焙烧炉技术操作条件

项 目	柳州冶炼厂	柳州冶炼厂	来宾冶炼厂	新西伯利亚炼锡厂（俄）
炉体面积/m^2	1.77	3.14	5	0.4
流态化层温度/℃	850 ~ 940	850 ~ 950	950 ± 20	800 ± 10
进料量/t·h^{-1}	0.85 ~ 0.9	1.5 ~ 1.7	2.5 ~ 3	
鼓风量/m^3·h^{-1}	1000 ~ 1600	1000 ~ 1600	1300 ~ 1800	280 ~ 315
风箱压力/kPa	7 ~ 11.76	9.8 ~ 17.64	7.8 ~ 11.76	
流态化层高度/m	0.5 ~ 0.8	0.6 ~ 0.7	0.5 ~ 0.7	0.75 ~ 0.85
直线速度/m·s^{-1}	0.45 ~ 0.7		0.4 ~ 0.62	0.17 ~ 0.27
物料停留时间/h	2 ~ 2.5	2	2 ~ 2.5	
炉顶压力/Pa	−19.6 ~ 0	−19.6 ~ 0	0 ~ 100	−19.6 ~ 40
出炉烟气温度/℃	450 ~ 550	500 ~ 600	450 ~ 450	460

5.1.4 回转窑焙烧生产工艺

我国衡阳冶炼厂、西湾冶炼厂和云锡公司采用回转窑焙烧工艺，其设备连接如图 5 - 4 所示。

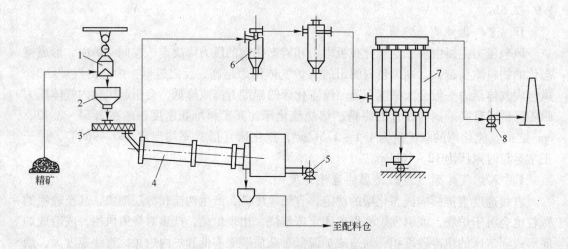

图 5 – 4　回转窑焙烧锡精矿设备连接图
1—活底料斗；2—料仓；3—螺旋给料机；4—回转窑；5—鼓风机；
6—旋风收尘器；7—布袋收尘器；8—排风机

用于锡精矿焙烧的回转窑由可以旋转的圆筒形窑体和位于窑体两端的供热火仓或其他供热装置与进料、烟气排出密封等装置组成。

回转窑外壳由钢板焊接而成，内衬耐温黏土砖。一般情况下，窑体由多组托轮支撑，斜度为 3% ~ 5%，进料口和烟气出口同在窑尾较高 一端，焙砂出口和供热燃烧装置在窑头较低一端，窑体转动速度 0 ~ 2r/min，窑体长径比为 10 ~ 16.71。根据入炉炉料焙烧过程中的发热和软化黏结性质及处理量、窑温等工艺参数和清除窑结作业需求等综合考虑选用长径比值，也可借鉴成熟经验按小型试验数据推算放大获取，几个冶炼厂的窑体尺寸如下：

衡阳冶炼厂：内径 0.9m，长 8m；

西湾冶炼厂：内径 1.6m，长 16m；

云锡公司：内径 1m，长 8m。

通过检查，确认窑内炉砖牢固不松动，密封装置、冷却水机械和电气设备、抽风收尘设备完好后，才可烘窑或加热升温。窑内温度达 200℃前必须转动窑体，当窑内砖壁受热发红，可满足进料升温焙烧所需温度时可进料。20m 以上的回转窑升温时间一般需要 2 ~ 3d。

焙烧作业时主要控制的技术条件为窑内焙烧高温段的温度和位置，窑的转动速度，窑内烟气出口处的温度、压力和烟气的流速，均匀连续进料的料量，火仓燃煤或重油喷火供热的情况。为确保窑内技术条件能稳定控制在理想的作业范围内，入炉料的粒度和煤配料的参数不宜变动过大，最好控制在自热或少量外供热时刚好能维持窑内热平衡的运行状态。为兼顾焙烧质量和控制结窑速度，延长窑运行周期，窑内温度从进料端到焙烧口端方向应保持稳定升高，在焙烧渣距离窑出口处（5 ± 3）m 处，让焙烧渣的脱杂质放热和释放烟气的反应现象逐步减少或消失，或让焙烧末期的焙烧渣在窑内有 10% ~ 20% 的行程处于降温焙烧状态。

焙烧精矿常见的控制条件为焙烧温度 900 ~ 960℃，烟气出口温度 350 ~ 450℃，烟气出口压力 –30 ~ –50Pa，窑转速度为 0.25 ~ 1.2r/min。

5.1.5 多层焙烧炉生产工艺

多层焙烧炉分人工扒料和机械扒料两种，原料从炉顶料斗落入炉内最高一层堆放，用人工或机械扒平焙烧，并逐级耙向下一层，最底层与供风供热设施相接，炉内焙烧温度一般由上向下逐级升高，见表5-8。多层焙烧炉操作方法简单，焙烧气氛容易控制，脱砷等指标容易达到95%以上，焙砂含砷低于0.2%，烟尘量少，但多层焙烧炉处理量低，人工、燃料和机械设备操作耗费大，目前较少应用。

表5-8 多层炉各层温度控制参数

由高至低层	第一层	第二层	第三层	第四层	第五层	第六层
温度/℃	500	520~560	560~590	600~650	680~700	710~800

5.1.6 锡精矿焙烧的技术经济指标

各种焙烧工艺可比的技术经济指标主要有：炉床处理能力、焙砂产出率、锡金属直收率、锡金属回收率、脱砷率、脱硫率、还原煤用量与燃煤耗等。

5.1.6.1 炉床处理能力的计算方法

流化炉的处理能力$(t/(m^2 \cdot d))$ = 日处理矿料干量(t/d)/流态化炉底面积(m^2)

回转窑的处理能力$(t/(m^3 \cdot d))$ = 日处理矿料干量(t/d)/回转窑空间体积(m^3)

多层炉的处理能力$(t/(m^2 \cdot d))$ = 日处理矿料干量(t/d)/多层炉炉床面积(m^2)

5.1.6.2 焙烧产出率的计算方法（不包括配入的还原煤或燃煤）

焙砂产出率(%) = (焙砂产出干量(t)/投入精矿物料量(t)) × 100%

5.1.6.3 焙砂锡直收率的计算方法

焙砂锡直收率(%) = (焙砂Sn产出量(t)/投入精矿物料的Sn量(t)) × 100%

5.1.6.4 锡金属平衡率的计算方法

锡平衡率(%) = {[焙砂Sn产出量(t) + 烟尘Sn量(t) + 其他可回收中间品Sn量(t)]/投入精矿物料的Sn量(t)} × 100%

5.1.6.5 脱砷（硫）率的计算方法

脱砷(硫)率(%) = [产出焙砂含As(或S)量(t) ÷ 投入精矿物料的含As(或S)量(t)] × 100%

5.1.6.6 还原煤搭配率的计算方法

还原煤搭配率(%) = [配入精矿物料中的还原煤(t) ÷ 投入精矿物料的量(t)] × 100%

5.1.6.7 燃煤耗的计算方法

燃煤耗$(kg_煤/t_{矿料})$ = 焙烧精矿物料期加入的燃煤量(kg) ÷ 投入精矿物料的量(t)

锡精矿焙烧的部分技术指标见表5-9。

表5-9 锡精矿焙烧部分技术经济指标

指 标 名 称	流态化炉	回转窑	多层焙烧炉	备 注
处理能力/t·(m²·d)⁻¹	10~16	1.1~1.5	2~3	
焙砂产出率/%	92~96	90~93	80~90	

指 标 名 称	流态化炉	回转窑	多层焙烧炉	备 注
焙砂锡直收率/%	≥98.5	90~98.5	90~98.5	连续返料计入直收
焙砂锡平衡率/%	99.2~99.5	98.5~99.24	98.5~99	
脱 As 率/%	75~85	80~92	85~95	焙烧温度 800~960℃
脱 Sb 率/%	56~62	80~92	85~95	
脱 S 率/%	85~96	70~90	75~85	焙烧温度 800~960℃
脱 Pb 率/%	44~58	70~90	75~85	
焙砂含 As 量/%	0.4~1	0.3~0.8	0.08~0.6	焙烧温度 800~960℃
焙砂含 S 量/%	0.2~0.6	0.3~1	0.3~0.8	焙烧温度 800~960℃

5.2　锡精矿、锡焙砂的浸出

5.2.1　浸出的目的及浸出工艺流程

锡精矿中的锡石矿物，不溶于热的浓酸、强碱、氧化性或还原性溶液中，锡石的这种化学稳定性，是采用浸出法分离可溶性杂质的基础。

锡精矿往往含有铁、铅、锑、铋、钨等杂质，若不在炼前将其分离，这种含有多种杂质的精矿送去还原熔炼时，这些杂质大都会进入粗锡中，使粗锡精炼发生困难，产出大量精炼渣，造成锡的冶炼直收率降低，采用盐酸浸出法除去这些杂质，就是锡精矿炼前处理的目的。

酸浸能除去较多杂质，得到的精矿进行熔炼时可产出较纯的粗锡，从而使粗锡精炼流程简化，故在许多炼锡厂中得到应用，但酸浸的耗酸量较大，故只有在酸供应较方便、价廉时才适于采用。

有的锡精矿含硫化矿物较多，故也可以先浮选，除掉大部分硫化矿物后，进行焙烧脱硫再浸出，这样可以减少酸的消耗。

用盐酸浸出锡精矿的工艺流程如图 5 - 5 所示。

5.2.2　浸出时的基本反应及影响浸出率的因素

用盐酸浸出时，锡精矿中的杂质可发生下列反应：

$$Fe_2O_3 + 6HCl \mathrm{=\!=\!=} 2FeCl_3 + 3H_2O \tag{5-1}$$

$$Fe_3O_4 + 8HCl \mathrm{=\!=\!=} 2FeCl_3 + FeCl_2 + 4H_2O \tag{5-2}$$

$$FeO + 2HCl \mathrm{=\!=\!=} FeCl_2 + H_2O \tag{5-3}$$

$$FeO \cdot As_2O_5 + 2HCl + 2H_2O \mathrm{=\!=\!=} FeCl_2 + 2H_3AsO_4 \tag{5-4}$$

$$FeO \cdot Sb_2O_5 + 12HCl \mathrm{=\!=\!=} FeCl_2 + 2SbCl_5 + 6H_2O \tag{5-5}$$

$$Sb_2O_4 + 8HCl \mathrm{=\!=\!=} SbCl_3 + SbCl_5 + 4H_2O \tag{5-6}$$

$$PbO \cdot SiO_2 + 2HCl + nH_2O \mathrm{=\!=\!=} PbCl_2 + SiO_2 + (1+n)H_2O \tag{5-7}$$

$$Bi_2O_3 + 6HCl \mathrm{=\!=\!=} 2BiCl_3 + 3H_2O \tag{5-8}$$

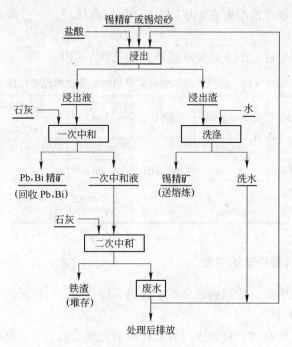

图 5-5 盐酸浸出锡精矿工艺流程图

$$(FeMn)WO_4 + 2HCl === (FeMn)Cl_2 + H_2WO_4 \qquad (5-9)$$

$$CaWO_4 + 2HCl === CaCl_2 + H_2WO_4 \qquad (5-10)$$

$$CuO + 2HCl === CuCl_2 + H_2O \qquad (5-11)$$

反应式 (5-1)、式 (5-2)、式 (5-4)、式 (5-5)、式 (5-6) 和式 (5-9) 进行得缓慢而且不完全,除所生成的钨酸和胶状硅酸 ($SiO_2 \cdot nH_2O$) 外,其余的反应物都能溶于盐酸溶液中,胶状硅酸难于过滤。

精矿中不同种类的氧化铁矿物结构不同,浸出时溶解度也不一样。三种铁的矿物相比,褐铁矿溶解度最大,赤铁矿较低,但若酸度较大时溶解度在90%以上。

Sb_2O_4 仅能溶解于浓盐酸中,故氧化焙烧后的精矿,锑的浸出率很低。氧化还原焙烧后的精矿,锑以低价化合物存在,有利于酸浸除去,但此时锡溶于酸中的损失会增大。

影响浸出效率的主要因素有盐酸浓度、盐酸用量与浸出温度等:

(1) 盐酸浓度。提高盐酸浓度不仅可以提高速度,也可以防止溶液中的氯化物(如 $FeCl_3$,$BiCl_3$)发生水解沉淀反应。$PbCl_2$ 在盐酸中的溶解度是随盐酸浓度的提高而增加的,铅的浸出率也会随盐酸浓度的增加而提高,当酸浓度达25%时,铅浸出率为94%,盐酸浓度的提高也有利砷的浸出,锑和铁的浸出率受盐酸浓度影响较小。控制盐酸浓度在22%~25%时,杂质的浸出率都比较高。当精矿含铅高(Pb 含量大于3%)时,可适当加入氯化钠以提高铅的浸出率。

(2) 盐酸用量。随着酸用量的增加,铅、铋、铁的浸出率也增加。生产中,盐酸加入量一般按浸出金属的质量比计算,其比例为 Pb:HCl = 1:1.2,Bi:HCl = 1:3.8,Fe:HCl = 1:4.4(盐酸浓度为30%,密度为 $1.15g/cm^3$)。

(3) 浸出温度。提高温度可提高溶解速度,提高杂质的浸出率。要获得较高的铅、锑、铁浸出率，应控制浸出温度在110℃以上，实行高压浸出。一般常压浸出控制的温度为90~95℃。

部分炼锡厂锡精矿浸出的主要技术经济指标见表5-10。

表5-10 部分炼锡厂锡精矿浸出的主要技术经济指标

厂　别	精矿类别	锡回收率/%	酸耗	杂质脱除率/%			
				Bi	As	Fe	Pb
赣州冶炼厂	锡精矿	95~99		88~90	53.1		
广州冶炼厂	高铋锡精矿	97~98	100~400 kg/t锡	96			
	高铁锡精矿	95~98				88~91	
	高铅锡精矿	94~98				94	94~98

5.2.3　含黑钨、白钨锡中矿的浸出

含黑钨、白钨锡中矿，或钨锡混合矿，含钨、锡都高，可以采用先苏打烧结、再浸出来达到分离钨、锡的目的。

若这种矿含硫、砷高时，可先进行氧化还原焙烧脱去硫、砷，然后将1.5倍理论计算量的苏打配入焙砂中，在800~850℃下进行烧结焙烧，当有氧存在时，便会发生如下反应：

$$2FeWO_4 + 2Na_2CO_3 + 1/2O_2 \Longrightarrow 2Na_2WO_4 + Fe_2O_3 + 2CO_2$$
$$3MnWO_4 + 3Na_2CO_3 + 1/2O_2 \Longrightarrow 3Na_2WO_4 + Mn_3O_4 + 3CO_2$$
$$2CaWO_4 + 2Na_2CO_3 \Longrightarrow 2Na_2WO_4 + 2CaCO_3$$

为了强化反应的进行，在炉料中可加入3%的硝石作氧化剂，产出的烧结料可送去浸出。采用三段逆流浸出，水的加入量控制在液固比为1：（1~2），浸出温度为80~90℃，搅拌1~2h，钨的浸出率达90%以上，浸出渣含WO_3 2%~4%，含Sn 25%~30%，可送去还原熔炼。

云锡公司处理一种以含黑钨矿为主的钨锡混合矿，其成分（%）为：WO_3 38.20、Sn 30.78、SiO_2 4.95、As 0.77、S 0.59、Fe 5.33、Bi 0.02、Cu 0.11、Pb 0.25。

曾试验过用盐酸浸出的湿法处理流程，盐酸浸出反应为：

$$CaWO_4 + 2HCl \Longrightarrow H_2WO_4 \downarrow + CaCl_2$$
$$FeWO_4 + 2HCl \Longrightarrow H_2WO_4 \downarrow + FeCl_2$$

产出的钨酸浸出渣用NaOH溶液碱浸：

$$H_2WO_4 + 2NaOH \longrightarrow Na_2WO_4 + 2H_2O$$

碱浸得到的钨酸钠溶液可进一步处理提取钨，碱浸渣即为脱钨的锡精矿（Sn 65.11%，WO_3 1.6%），送去熔炼。

6 锡精矿的还原熔炼

6.1 概　述

不论锡精矿是否经过炼前处理，要想从中获得金属锡，还必须经过还原熔炼。还原熔炼的目的是在一定的熔炼条件下，尽量使原料中锡的氧化物（SnO_2）和铅的氧化物（PbO）还原成金属，使精矿中铁的高价氧化物三氧化二铁（Fe_2O_3）还原成低价氧化亚铁（FeO），与精矿中的脉石成分（如 Al_2O_3、CaO、MgO、SiO_2 等）、固体燃料中的灰分、配入的熔剂生成以氧化亚铁、二氧化硅（SiO_2）为主体的炉渣及金属锡和铅分离。

还原熔炼是在高温下进行的，为了使锡与渣较好分离，提高锡的直收率，还原熔炼时产出的炉渣应具有黏度小、密度小、流动性好、熔点适当等特点，因此，应根据精矿的脉石成分、使用燃烧和还原剂的质量优劣等，配入适量的熔剂，做好配料工作，选好渣型，否则，若炉渣熔点过高，黏度和酸度过大，就会影响锡的还原和渣锡分离，并使过程难以进行。工业上通常使用的熔剂有石英、石灰石（或石灰）。为了使氧化锡还原成金属锡，必须在精矿中配入一定量的还原剂，工业上通常使用的炭质还原剂有无烟煤、烟煤、褐煤和木炭，且要求还原剂含固定碳较高。

还原熔炼的产物主要有甲粗锡、乙粗锡、硬头和炉渣等。甲粗锡和乙粗锡除主要含锡外，还含有铁、砷、铅、锑等杂质，必须进行精炼，才能产出不同等级的精锡。硬头含锡品位较甲粗锡、乙粗锡低，含砷、铁较高，必须经煅烧等处理，回收其中的锡。炉渣含锡7%~8%，称为富渣，目前一般采用烟化法处理，回收渣中的锡。

还原熔炼的设备有奥斯麦特炉、反射炉、电炉、鼓风炉和转炉等。从世界范围来看，反射炉是主要的炼锡设备，其次是电炉，而鼓风炉和转炉只有个别工厂使用。若采用反射炉或电炉进行还原熔炼，固态的精矿或焙砂与固态还原煤经混合后加入炉内，受热进行还原反应时，是在两固相的接触处发生，这种接触面有限，而固相之间的扩散几乎不能进行，所以金属氧化物与固相还原煤之间的化学反应不是主要的。在强化熔池熔炼的奥斯麦特炉中，是固态还原煤与液态炉渣间进行化学反应，固液两相之间的反应比固—固两相间进行的反应强烈得多，这也是在奥斯麦特炉内 MeO 的还原要比在反射炉与电炉中进行得更快些的原因。

在奥斯麦特炉中，更为重要的反应是气—液—固三相反应，即为搅拌的气相、翻腾的液相和还原煤固相之间的反应。在高温翻腾的熔池中，煤中的固定碳与气相中的氧充分接触，发生煤的燃烧反应，产生气体 CO_2 与 CO，CO 即为液态炉渣中 MeO 的还原剂，这样气—液两相的还原反应速度要比固—液两相间的反应快得多，所以在奥斯麦特炉中 CO 气体还原剂仍然起主要作用。在电炉与反射炉内进行的还原熔炼，炭燃烧产生的 CO 更是 MeO 还原的主要还原剂。

综上所述，在还原熔炼过程中，MeO 的还原反应可用如下反应式表示：

$$MeO + CO = Me + CO_2$$

$$CO_2 + C = 2CO$$

本章讨论的基本原理主要包括碳的燃烧反应、金属氧化物的还原与炼锡炉渣的选择。

6.2　还原熔炼的基本原理

6.2.1　碳的燃烧反应

锡精矿的还原熔炼，大都采用固体碳质还原剂，如煤、焦炭等。在熔炼高温下，当还原剂与氧接触时，发生碳的燃烧反应，其反应可分为：

（1）碳的完全燃烧反应：

$$C + O_2 = CO_2 \qquad -393129J/mol \qquad (6-1)$$

（2）碳的不完全燃烧反应：

$$2C + O_2 = 2CO \qquad -220860J/mol \qquad (6-2)$$

（3）碳的气化反应，亦称布多尔反应：

$$C + CO_2 = 2CO \qquad +172269J/mol \qquad (6-3)$$

（4）煤气燃烧反应：

$$2CO + O_2 = 2CO_2 \qquad -565400J/mol \qquad (6-4)$$

这四个反应除反应式（6-3）外，其余三个反应均为放热反应，但是其热值的大小是不一样的。如果按反应式（6-1）进行碳的完全燃烧反应，1mol 的碳可以放出 393129J 的热；如果按反应式（6-2）进行，即 1mol 的碳不完全燃烧反应时放出仅 110430J 热，不到反应式（6-1）放热的 1/3，所以，从碳的燃烧热能利用来说，应该使碳完全燃烧变为 CO_2，这样一来，燃烧炉内只能维持强氧化气氛，即供给充足的氧气才能达到，但是对于还原熔炼来说，除了要求碳燃烧放出一定热量维持炉内的高温外，还必须保证有一定的还原气氛，即有一定量的 CO 来还原 SnO_2。

温度升高有利于吸热反应从左向右进行，即有利于反应式（6-3），而不利于反应式（6-2）向右进行，所以在高温还原熔炼条件下，必须有足够多的碳存在，使碳的气化反应式（6-3）从左向右进行，以保证还原熔炼炉内有一定的 CO 存在，促使 SnO_2 更完全地被还原。

综上所述，在锡精矿高温还原熔炼条件下，碳的燃烧反应应是反应式（6-1）与反应式（6-3）同时进行，才能维持炉内的高温（1000～1200℃）和还原性气氛。对于不同的熔炼方法，反应式（6-1）与反应式（6-3）可以同时在炉内进行，也可以分开进行，如反射炉喷粉煤燃烧时，反应式（6-1）主要是在炉膛空间进行，反应式（6-3）主要是在料堆内进行。电炉熔炼是以电能供热，加入煤后，在料堆内进行碳的气化反应式（6-3），产出还原剂 CO。如果采用鼓风炉或奥斯麦特炉炼锡，则碳的燃烧反应式（6-1）与反应式（6-3）必须同时在炉内风口区或熔池中进行。

6.2.2 金属氧化物（MeO）的还原

6.2.2.1 氧化锡的还原

精矿、焙砂原料中的锡主要以 SnO_2 的形态存在，还原熔炼时发生的主要反应为：

$$SnO_{2(s)} + 2CO_{(g)} = Sn_{(l)} + 2CO_{2(g)} \tag{6-5}$$
$$\Delta G_T^{\ominus} = 5484.97 - 4.98T \, J/mol$$
$$C_{(s)} + CO_{2(g)} = 2CO_{(g)} \tag{6-6}$$
$$\Delta G_T^{\ominus} = 170.707 - 174.47T \, J/mol$$

反应式（6-5）为固态 SnO_2 被气态 CO 还原产生液态金属锡 $Sn_{(l)}$ 和气态 $CO_{2(g)}$，而大部分 $CO_{2(g)}$ 被固定碳还原，即反应式（6-6），产生气态的 $CO_{(g)}$ 又成为反应式（6-5）的气态还原剂，还原固态的 $SnO_{2(s)}$，如此循环往复，直至这两个反应中的一个固相消失为止，所以，只要在炉料中加入过量的还原剂，理论上，SnO_2 能完全被还原。

当两个反应各自达到平衡时，其平衡气相中 CO 与 CO_2 的平衡浓度会维持一定的比值。在还原熔炼条件下（恒压下），这个比值主要受温度变化的影响。若将平衡气相中的 CO 和 CO_2 的平衡浓度之和作为 100，则可绘出反应的 CO（%）与温度变化的关系曲线。反应式（6-5）与反应式（6-6）的这种变化关系如图6-1所示。

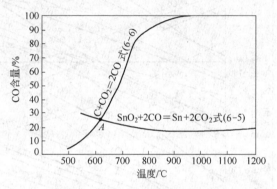

图6-1　用 CO 还原 SnO_2 时气相组成与温度的关系

图中反应式（6-5）与反应式（6-6）的两条平衡曲线相交于 A 点，与 A 点对应的温度约为 630℃，这意味着炉内的温度达到 630℃，若气相中 CO（%）的含量达到 A 点相应的水平约 21% 时，两个反应便同时达到平衡，即用固体碳作 SnO_2 的还原剂时，只要炉内维持 A 点的温度条件，SnO_2 就可以开始还原得到金属锡，这个温度（约630℃）就是 SnO_2 开始还原的温度，也就是说炉内的温度必须高于 630℃，才能使 SnO_2 被煤等固体还原剂所还原。

当炉内温度从 630℃ 继续升高时，反应式（6-6）平衡气相中的 CO（%）含量会进一步升高，远高于反应式（6-5）平衡气相中 CO（%）含量，即温度升高有利于反应式（6-5）从左向右进行，反应式（6-5）产生的 CO_2 会被炉料中的还原剂煤所还原变为 CO，以保证反应式（6-5）继续向右进行。

在生产实践中，所用锡精矿和还原煤不是纯 SnO_2 和纯固定碳，其化学成分复杂，物理状态各异，另外，受加热和排气系统等条件的限制，实际上 SnO_2 被还原的温度要比 630℃ 高许多，一般在 1000℃ 以上，并且要加入比理论量高 10% ~20% 的还原剂，以保证炉料中的 SnO_2 能更迅速更充分地被还原。

6.2.2.2 锡精矿中其他金属氧化物的行为

一般根据金属氧化物对氧亲和力的大小，来判断或控制其在还原熔炼过程中的变化。图6-2 所示为氧化物的吉布斯标准自由能变化与温度的关系图，从图中可以看出，低于 SnO_2 线的金属氧化物是第一类对氧的亲和力比锡大的杂质，有 SiO_2、Al_2O_3、CaO、MgO

以及少量的 WO_3、TiO_2、Nb_2O_5、Ta_2O_5、MnO 等，它们的 $\Delta G^{\ominus}$ 比 SnO_2 线的 $\Delta G^{\ominus}$ 负得多，即稳定得多，它们被 CO 还原时，要求平衡气相组成中的 CO（%）含量高于 SnO_2 被还原时 CO 的含量，即其平衡曲线在图 6-2 中的位置远高于 SnO_2 还原平衡曲线（6-5）的上方，只要控制比锡还原条件还低的温度和一定的 CO（%）含量，它们是不会被还原的，仍以 MeO 形态进入渣中。

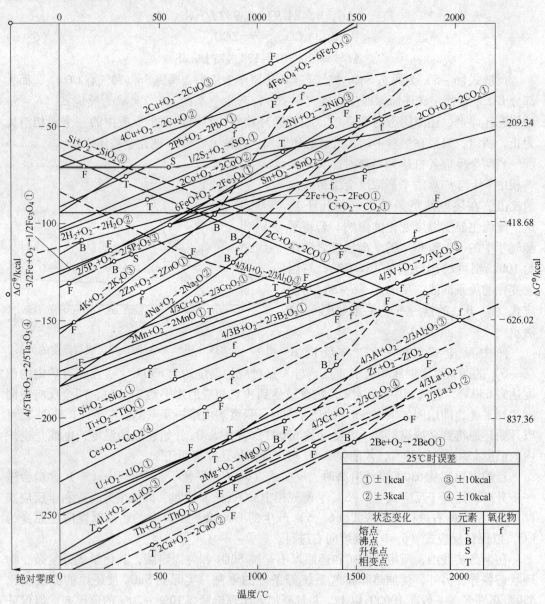

图 6-2　氧化物的吉布斯标准自由能变化 $\Delta G^{\ominus}$ 与温度 T 的关系

（1kcal = 4.1868kJ）

图 6-2 中，高于 SnO_2 线的金属氧化物，包括铜、铅、镍、钴等金属对氧亲和力比锡小的杂质金属氧化物，其 $\Delta G^{\ominus}$ 较 SnO_2 负得少些，比 SnO_2 更不稳定，是第二类杂质，它

们在锡氧化物被还原的条件下，会比 SnO_2 优先被还原进入粗锡中，给粗锡的精炼带来许多麻烦，故应在炼前准备阶段尽量将其分离。

第三类杂质是铁的氧化物。在图 6-2 中，与 SnO_2 线邻近，其 $\Delta G^{\ominus}$ 值相近。生产实践表明，炉料中的铁氧化物部分被还原为金属铁溶入粗锡中，Fe_2O_3 被还原为 FeO 再与其他脉石 SiO_2 等造渣而进入炉渣中。铁氧化物还原的这种特性，给锡精矿的还原熔炼造成较大的困难。要使炉渣中（SnO）很充分地还原，得到含锡低的炉渣，势必要求更高的温度与更强的还原气氛，这就给渣中的（FeO）还原创造了条件，使其被更多地还原进入粗锡中，使粗锡中的铁含量高达 1% 以上。当锡中的铁含量达到饱和程度时，还会结晶析出 Sn－Fe 化合物，形成熔炼过程中的另一产品——硬头。硬头的处理过程麻烦，并造成锡的损失，所以锡原料在还原熔炼过程中控制粗锡中的 Fe 含量，是控制还原终点的关键。在还原熔炼过程中，氧化锌的行为与氧化铁的行为类似，但由于金属锌在高温下易挥发，因此在实际生产中，锌主要分配在炉渣和烟尘中。

6.2.2.3 还原熔炼过程中锡与铁的分离

还原熔炼过程中，SnO_2 的还原分两个阶段进行：

$$SnO_2 + 2CO \rlap{=} Sn + 2CO_2 \tag{6-7}$$

$$SnO_2 + CO \rlap{=} SnO + CO_2 \tag{6-8}$$

$$SnO + CO \rlap{=} Sn + CO_2 \tag{6-9}$$

反应式（6-8）很容易进行，即酸性较大的 SnO_2 很容易被还原为碱性较大的 SnO。锡还原熔炼一般造硅酸盐炉渣，碱性较大的 SnO 便会与 SiO_2 等酸性渣成分结合而入渣中，渣中的（SnO）比游离 SnO 的活度小，活度愈小愈难被还原。

原料中，铁的氧化物主要以 Fe_2O_3 形态存在，在高温还原气氛下按下列顺序被还原：$Fe_2O_3 \rightarrow Fe_3O_4 \rightarrow FeO \rightarrow Fe$。

其还原反应为：

$$3Fe_2O_3 + CO \rlap{=} 2Fe_3O_4 + CO_2 \tag{6-10}$$

$$\lg K_p = \lg(\% CO_2 / \% CO) = 1722/T + 2.81$$

$$Fe_3O_4 + CO \rlap{=} 3FeO + CO_2 \tag{6-11}$$

$$\lg K_p = \lg(\% CO_2 / \% CO) = -1645/T + 1.935$$

$$FeO + CO \rlap{=} Fe + CO_2 \tag{6-12}$$

$$\lg K_p = \lg(\% CO_2 / \% CO) = 688/T - 0.90$$

高价铁氧化物 Fe_2O_3 的酸性较大，只有还原变为碱性较大的 FeO 之后，才能与 SiO_2 很好地化合造渣融入渣中，所以总是希望 Fe_2O_3 完全还原为 FeO 进入渣中，而不希望渣中的 FeO 还原为 Fe 进入粗锡中。

绘制上述反应式（6-7）、式（6-10）、式（6-11）、式（6-12）各自独立还原时，其平衡气相中 CO（%）含量与温度的关系变化曲线，如图 6-3 所示。

图 6-3 表明，在还原熔炼过程中，当锡铁氧化物的还原反应独自完成、互不相熔、并且不与精矿中的其他组分发生反应时（即其活度为 1），在一定温度下，控制炉气中 CO（%）含量，就可使 SnO_2 还原为 Sn，Fe_2O_3 只还原为 FeO。在生产实践中，往往是 SnO 和 FeO 都要融入渣中，使其活度变小，还原变得更为困难，这就要求炉气中的 CO（%）含量应更高些，图 6-3 中的还原平衡曲线将向上移动。当（SnO）和（FeO）还原得到

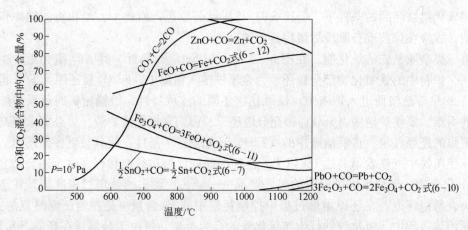

图 6-3　铁、锡（铅、锌）氧化物还原的平衡曲线

金属 Sn 和 Fe，它们又能互溶在一起形成合金时，合金中的［Sn］与［Fe］的活度小于1，其活度愈小，渣中的（SnO）和（FeO）也愈容易被还原，于是图 6-3 中的还原平衡曲线将向下移动。这种平衡曲线上、下移动的关系如图 6-4 所示。活度变化对平衡曲线移动的影响，可用下面反应式表示：

$$(SnO)_{(渣)} + CO \Longrightarrow [Sn]_{Sn-Fe合金} + CO_2 \tag{6-13}$$
$$\Delta G^{\ominus}/J = -11510 - 4.21T$$

$$(FeO)_{(渣)} + CO \Longrightarrow [Fe]_{Sn-Fe合金} + CO_2 \tag{6-14}$$
$$\Delta G^{\ominus}/J = -34770 + 32.25T$$

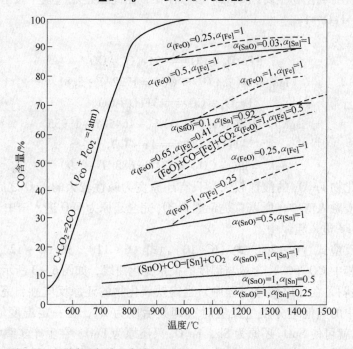

图 6-4　不同温度时反应式（6-13）、式（6-14）和式（6-6）
的平衡气相组成与温度和组元活度的关系

用 $\alpha_{(SnO)}$，$\alpha_{(FeO)}$，$\alpha_{[Sn]}$，$\alpha_{[Fe]}$ 表示相应组分的活度，$\alpha_{(SnO)}$ 愈小及 $\alpha_{[Sn]}$ 愈大，渣中（SnO）愈难还原；$\alpha_{(FeO)}$ 愈大及 $\alpha_{[Fe]}$ 愈小，渣中 FeO 愈易还原。若合金相与渣相平衡时，锡和铁在两相间的分配可由下式决定：

$$(SnO)_{(渣)} + [Fe]_{合金} \Longrightarrow [Sn]_{合金} + (FeO)_{(渣)}$$
$$\Delta G^{\ominus}/J = 23260 - 36.46T$$

当加入的锡精矿开始进行还原熔炼时，$\alpha_{(SnO)}$ 的活度很大，返回熔炼的硬头，由于 $\alpha_{[Fe]}$ 大，便可作为精矿中 SnO_2 的还原剂。随着反应向右进行，$\alpha_{(SnO)}$ 与 $\alpha_{[Fe]}$ 愈来愈小，相反 $\alpha_{(FeO)}$ 及 $\alpha_{[Sn]}$ 愈来愈大，反应向右进行的趋势愈来愈小，而向左进行的趋势则愈来愈大，最终达到双方趋势相等的平衡状态，从而决定了锡、铁在这两相中的分配关系，所以在锡精矿还原熔炼过程中，要较好地分离铁与锡是比较困难的。

生产实践中，常用经验型的分配系数 K 来判断锡、铁的还原程度，用以控制粗锡的质量。分配系数 K 表示如下：

$$K = \{w_{[Sn]} \cdot w_{(Fe)}\}/\{w_{[Fe]} \cdot w_{(Sn)}\}$$

式中，$w_{[Sn]}$，$w_{[Fe]}$ 和 $w_{(Sn)}$，$w_{(Fe)}$ 分别表示金属相和渣相中 Sn、Fe 的质量分数。实践证实，当 $K = 300$ 时，能得到含铁最低的高质量锡；当 $K = 50$ 时便会得到含 Fe 约 20% 的硬头，奥斯麦特公司在其工业设计中推荐的 K 值，精矿熔炼阶段为 300，渣还原阶段为 125。

经过长期研究与生产总结，我国锡冶金工作者总结出锡、铁分离较为完善的方法，即采取锡精矿还原熔炼产出富锡炉渣，然后将富锡炉渣进行烟化处理，优先硫化挥发锡，铁不挥发则留在渣中。采用奥斯麦特炉熔炼、反射炉熔炼，可有效地控制铁的还原，也可以采用高铁质炉渣，但总铁含量不应大于 50%。

6.2.2.4 影响金属氧化物还原反应速率的因素

锡氧化物被气体还原剂 CO 还原的过程发生在气固两相界面上，属于"局部化学反应"类型的多相反应。在这种体系中所形成的固体产物包围着尚未反应的固体反应物，形成固体产物层，如图 6-5 所示。随着反应的进行，未反应的核不断地缩小。

从图 6-5 可以看出，CO 还原固体氧化锡的过程可以看成是由几个同时发生的或相继发生的步骤组成：

（1）沿气体流动方向输送气体反应物 CO；

（2）气体反应物 CO 由流体本体向锡精矿的固体颗粒表面扩散（称外扩散）及

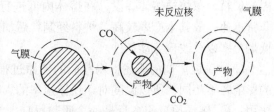

图 6-5 氧化物被 CO 还原的过程

气体反应物 CO 通过固体孔隙和裂缝深入到固体内部的扩散（内扩散）；

（3）气体反应物 CO 在固体产物与未反应核之间的反应界面上发生物理吸附和化学吸附；

（4）被吸附的 CO 在界面上与 SnO_2（SnO）发生还原反应并生成吸附态的产物 CO_2；

（5）气体反应产物 CO_2 在反应界面上解吸；

（6）解吸后的气体反应物 CO_2 在反应界面上解吸；

（7）气体反应物 CO_2 沿气流流动方向离开反应空间。

上述各个步骤都具有一定的阻力，并且各步骤的阻力是不同的，所以每一步骤进行的速率是不同的。锡氧化物还原的总过程可以看成是由上述步骤所组成的，而过程的总阻力等于串联步骤的阻力之和，在由多个步骤组成的串联反应过程中，当某一个步骤的阻力远远大于其他步骤的阻力时，即整个反应主要由这个最大阻力步骤所控制。由于氧化锡的还原熔炼是在高温下进行的，所以反应速率通常是由扩散过程，特别是由内扩散过程控制。

根据热力学原理，若要氧化锡的还原反应进行，体系中 CO 的实际浓度必须大于平衡时的 CO 浓度。由于氧化锡的还原过程处于扩散区，所以过程的表观速率取决于传质速率，因此 CO 实际浓度与其平衡浓度之差成为过程的推动力，而化学反应的速率正比于其推动力与阻力之比，因此影响氧化锡还原速率及彻底程度的因素有：

（1）气流的性质。SnO_2 的还原反应主要靠气体还原剂 CO，故气相中的 CO 浓度愈高，反应速率愈快。为了保证气流中有足够的 CO 浓度，从碳的气化反应可知，炉料中必须有足够的还原剂及较高的温度，这样便可保证 SnO_2 被 CO 还原产生的 CO_2 被碳还原为 CO，使 SnO_2 不断地被 CO 所还原。气流速度加大，固体粒子表面的气膜减薄，更有利于气相中的 CO 渗入到料层中，并较快地扩散到固体颗粒内部，使固体炉料颗粒内部的 SnO_2 更完全更迅速地被还原。对于反射炉和电炉熔炼而言，这种作用是不明显的，对于奥斯麦特炉，气流速度在熔池中的搅拌就显得非常重要了。

（2）炉料的性质。炉料的物理状态包括颗粒大小与含水量。精矿颗粒的粒度愈小，比表面积愈大，愈有利于与气体还原剂接触。锡精矿的粒度主要受选矿条件制约，冶炼厂不再磨矿处理。对于反射炉熔炼而言，由于炉料形成料堆，气相中的 CO 很难在其中扩散，同时料堆内部传热也是以传导为主，所以在反射炉内料堆中的还原反应速度很慢，故其生产率较低。在电炉内，料堆下部还受到熔体流动的冲刷，其还原反应速度比反射炉要好一些，但反应并不显著。对于反射炉与电炉熔炼而言，由于 MeO 的还原反应都是在料堆内部进行，故要求还原剂与精矿应在入炉前进行充分混合，最好经制粒后加入炉内，以改善料堆内部的透气性和导热性。在奥斯麦特炉内，由于熔体被气流强烈搅动，加入熔池内的炉料，很快被熔体吞没，在熔体内部进行气—液—固三相反应，所以 MeO 还原反应非常迅速，故其生产率较高。炉料经制粒后加入炉内的主要目的是为了减少粉料入炉，降低烟尘率以及改善劳动条件。

（3）温度。如前所述，锡精矿的还原过程是由一系列步骤组成的，温度对这些步骤的影响各不相同，所以温度对于还原速率的影响呈现复杂的关系，但总体讲，升温有几个作用：1）锡还原反应本身是一个吸热反应，温度高对加速反应有利；2）温度高可增加解吸速度，加速 CO、CO_2 在精矿表面的扩散过程；3）从图 6-1 可知，$CO_2 + C = 2CO$ 为吸热反应，其一氧化碳平衡浓度随温度升高而增加，故温度愈高，CO（%）浓度愈大，而反应 $SnO_2 + 2CO = Sn + 2CO_2$ 随温度递增所需的 CO（%）浓度并不大，故 SnO_2 的还原反应容易进行；4）随温度递增，可以降低炉渣的黏度，加速扩散过程。提高炉温也有不利的一面，即铁可能被更多地还原出来，炉子寿命缩短，锡挥发损失增加，所以炉温的提高是有限制的。客观地说，由于锡精矿还原熔炼过程的温度都在 1000℃ 以上，反应速率主要受扩散速率限制，因此提高反应温度有利于加速扩散，从而提高还原反应速率。

（4）还原剂种类及其加入量的影响。还原剂的种类对还原速率有很大影响，含挥发分少的炭粉要在 850℃ 时才开始对氧化锡有明显的还原作用，而含挥发分较多的还原剂可以在较低的温度下或较短的时间内充分还原氧化锡，但在较高的温度下，各种碳质还原剂的作用相差不大。许多研究者发现，碳的种类对反应速率的影响很大。用活性炭作还原剂时，SnO_2 大约在 800℃ 开始还原，而使用石墨作还原剂时，SnO_2 大约在 925℃ 才开始还原。还原剂配入的多少，直接影响着还原气氛的强弱和还原反应速度的快慢以及还原反应进行的程度。如果固体还原剂只按理论量加入，则在还原过程后期，固体还原剂将不足以维持布多尔反应平衡的需要，而在料层内部将只是反应式（6-5）的平衡 CO/CO_2 气氛，不可能使 SnO_2 完全还原。此外，就还原熔炼后期已造渣的锡的还原来说，主要靠 SnO 或 $SnSiO_3$ 在熔渣中的扩散与固体碳直接作用，所以要使 SnO_2 完全还原，并且将炉渣中的氧化锡还原，过量的还原剂是必要的，但还原剂过量，并不是可以无限制地增加，而是受到铁还原的制约的。还原剂的加入量一般按下列两个反应式计算：

$$2SnO_2 + 3C \longrightarrow 2Sn + 2CO + CO_2 \qquad (6-15)$$

$$Fe_2O_3 + C \longrightarrow 2FeO + CO \qquad (6-16)$$

这样的计算结果忽略了原料中其他 MeO 的还原以及碳燃烧过程中的飞扬损失等，所以实际配入的还原剂量，应比理论计量高 10% ~ 20%。

6.3 反射炉还原熔炼法

反射炉炼锡已有 200 多年历史，它首先于 18 世纪在英国使用，19 世纪初经设置蓄热室以后发展迅速，随着不断的革新与改进，相继增设了余热锅炉、水管冷却炉底和悬挂式炉顶，现已发展成为主要的炼锡设备。

锡精矿反射炉还原熔炼的主要优点是对原料要求不严（可处理粉矿，对粒度和水分无特殊要求），固、液、气态燃料均可使用，炉内气氛容易控制，设备操作方便，对生产规模适应性强。

我国炼锡反射炉的炉床面积一般为 5~50m²，炉床长宽比一般为（2~4）:1，炉内高 1.2~1.5m。其供热方式见表 6-1。

表 6-1　我国炼锡反射炉的供热方式

厂　名	炉床面积/m²	供热方式	备　注
云锡一冶	36.6，34.2，28.3	室式煤斗供粉煤喷烧	36.6m² 炉为连续熔炼试验炉
	28.3，24.78，24.7，23.92	螺旋给煤和人工给煤	设有火仓 5.3m²
	5.45	烧人工块煤	专门处理硬头 火仓 1.44m²
柳州冶炼厂	24，20，18	抛煤机供粉煤喷烧	
来宾冶炼厂	50	粉煤喷烧	
平桂矿务局冶炼厂	26，20 14	粉煤喷烧 人工烧煤	设有火仓
其他厂家	5，6，7，10	人工烧煤	设有火仓

反射炉炼锡常采用以 FeO – SiO$_2$ 为主的高铁质炉渣和以 FeO – CaO – SiO$_2$ 为主的低铁质炉渣两种渣型。前者用于冶炼含铁15% ~ 20% 或更高的锡精矿，后者用于冶炼含铁不很高的高硅质锡精矿或富渣再熔炼。

反射炉炼锡选择渣型时，应充分考虑所选择的渣型应能最大限度地满足熔解炉料中的脉石成分和有害杂质，并尽可能少地熔解和夹带锡及其他有价金属，同时炉渣应有适当的熔点（1050 ~ 1200℃），较小的黏度（小于 2Pa · s）和密度（小于 2.5 ~ 4.0g/cm^3），较大的界面张力。就锡精矿的反射炉熔炼，适宜的硅酸度应控制在 1.0 ~ 1.5 之间。表 6 – 2 是国内部分锡冶炼厂反射炉炼锡的炉渣成分和硅酸度（K）值。

表 6 – 2　国内部分锡冶炼厂反射炉炼锡的炉渣成分和硅酸度（K）值

厂 名	炉渣成分/%						硅酸度 K 值	锡精矿 含铁/%
	Sn	SiO$_2$	FeO	CaO	Al$_2$O$_3$	其他		
云锡一冶	7 ~ 13	19 ~ 23	45 ~ 50	1.4 ~ 2.1	8 ~ 9		1.0 ~ 1.2	16.3 ~ 25.0
云锡三冶	8 ~ 10	24 ~ 28	35 ~ 45	1 ~ 3		Pb1 ~ 2	1.1 ~ 1.2	13.58
柳州冶炼厂	11.1	19 ~ 26	30 ~ 42	5 ~ 15	5 ~ 8		1.0 ~ 1.4	6.4 ~ 22.5
	12.6	23 ~ 25	18 ~ 25	5 ~ 10	6 ~ 10		1.3 ~ 2.5	
	15.9	22 ~ 25	14 ~ 28	6 ~ 12	6 ~ 10		1.1 ~ 2.0	
来宾冶炼厂	7.9	26	37	8.3			1.34	8.91
平桂冶炼厂	8 ~ 12	14 ~ 22	35 ~ 38	3.5 ~ 6	4 ~ 8	WO$_3$ 2 ~ 3	1.17	13.5 ~ 19.0
	6 ~ 9	18 ~ 22	25 ~ 30	5 ~ 8	8 ~ 12	TiO$_2$ 3 ~ 4	1.30 ~ 1.40	
赣州有色 金属冶炼厂	13.8 ~ 20.9	21.5 ~ 23	5.8 ~ 7.3	13.6 ~ 16.6		CaF$_2$ 4 ~ 5	1.80 ~ 2.00	1.0 ~ 1.5
	1.8 ~ 2.7	22.4 ~ 31	6.0 ~ 9.6	16.5 ~ 23.1		CaF$_2$ 5 ~ 6	1.80 ~ 2.60	
栗木锡矿 冶炼厂	23.7	20.5	24.6	5.6		(Ta, Nb)$_2$ O$_5$WO$_3$	1.50	0.6 ~ 8.9

反映反射炉炼锡效果的主要技术经济指标有：炉床处理能力、锡的直接回收率、燃料消耗率、富渣率和渣含锡等。各指标计算式如下：

$$炉床处理能力(t/(m^2 · d)) = \frac{总处理量}{炉床面积 × 作业昼夜数}$$

$$锡的直收率(\%) = \frac{产出初锡含锡量(t)}{入炉物料含锡量(t)} × 100\%$$

$$燃料消耗率(\%) = \frac{消耗燃料量(t)}{总处理量(t)} × 100\%$$

$$富渣率(\%) = \frac{富渣产出量(t)}{总处理量(t)} × 100\%$$

$$富渣含锡率(\%) = \frac{富渣含锡量(t)}{富渣数量(t)} × 100\%$$

表6-3是国内部分锡冶炼厂反射炉炼锡的主要技术经济指标。

表6-3 国内部分锡冶炼厂反射炉炼锡的主要技术经济指标

名　称	柳州冶炼厂	云锡一冶	平桂冶炼厂
主要技术指标:			
熔炼温度/℃	1250~1350	1200~1350	1200~1350
熔炼周期/h·炉$^{-1}$	8~9.5	8	10~12
二次风温/℃	200~250	110~260	50~80
炉尾负压/Pa	30~35	0~50	微负压
技术经济指标:			
炉床能力/t·$(m^2 \cdot d)^{-1}$	0.92~1.00	1.18~1.34	0.87~1.02
直收率/%	78~89	77~81	78~89
富渣率/%	42~47	37~41	36~47
烟尘率/%	11~15	12~15	5.8~9.1
燃料煤率/%	40~52		65~76

锡精矿经反射炉还原熔炼后，其产物主要有粗锡、炉渣和烟尘等，有时还产出硬头。表6-4和表6-5是国内部分锡冶炼厂反射炉炼锡产出的粗锡和烟尘成分。

表6-4 国内部分锡冶炼厂反射炉炼锡产出的粗锡（甲锡）成分

厂　名	化学成分/%						
	Sn	Pb	Cu	As	Sb	Bi	Fe
云锡一冶	78~85	15~23	0.2~0.4	0.4~0.8	0.04~0.06	0.1~0.3	0.03~0.05
（乙锡）	65~75	12~15	0.3~0.5	3.5~5.0	0.05~0.07	0.12~0.27	7~8
柳州冶炼厂	96.47	1.35	0.32	0.88	0.69	0.02	0.62
来宾冶炼厂	95.14	0.48	0.12	1.15	1.43	0.02	0.8~1.3
（乙锡）	73.73	0.47	0.23	6.22	3.24	0.02	10.12
平桂冶炼厂	92~96	1.5~2.5	0.5~1.5	0.6~2.0	0.5~1.4	0.15~0.20	0.02~0.15
（乙锡）	65~78	1.5~2.0	1.0~1.8	4~7	1~2	0.12~0.27	8~12
赣州有色金属冶炼厂	97~98	0.15~0.25	0.05~0.26	0.2~0.5	0.005~0.02	0.2~0.5	0.2~0.4
栗木锡矿选炼厂	97~98		0.60~1.12	0.2~0.8	0.06~0.20	0.06~0.20	0.024~0.400
衡阳冶炼厂	92~98	0.3~0.6	0.5~2.3	0.5~1.3	0.1~0.8	0.1~0.4	0.6~1.7

表 6 - 5   国内部分锡冶炼厂反射炉烟尘成分

厂 名	烟尘名称	化学成分/%						
		Sn	Pb	As	Zn	FeO	SiO₂	CaO
云锡一冶	烟道尘	8 ~ 30	7 ~ 9	0.9 ~ 1.2	7 ~ 9			
	淋洗尘	18 ~ 32	10 ~ 12	1 ~ 3	10 ~ 12	2 ~ 4	11 ~ 12	1 ~ 2
	电收尘	38 ~ 46	15 ~ 17	1 ~ 3	13 ~ 20	1 ~ 2	2 ~ 3.5	0.1 ~ 0.3
柳州冶炼厂	布袋尘	43.09	1.37	2.82	9.19			
平桂冶炼厂	布袋尘	45 ~ 50	0.9 ~ 1.5	1.5 ~ 2.5		0.4 ~ 0.7	1.5 ~ 2.5	0.62
衡阳冶炼厂	布袋尘	45 ~ 57	0.85	0.7 ~ 1.6		2.05 ~ 6.79		
赣州有色金属冶炼厂	布袋尘	48.37	0.12	0.41		3.53	3.82	0.45
来宾冶炼厂	布袋尘	40 ~ 43	0.57	2.67	8.52	2.43	9.15	2.15

    国外,采用反射炉炼锡的厂家主要有马来西亚的巴生炼锡厂、巴特沃思炼锡厂(But-ter - Worth Tin Smelter)、印度尼西亚佩尔蒂姆炼锡厂、玻利维亚文托炼锡厂、俄罗斯新西伯利亚炼锡厂(Новосибирский Оловянный Завод)和美国得克萨斯炼锡厂(Texas Tin Smelter)等。它们的供热方式、炉渣成分、主要技术经济指标、反射炉炼锡产物、烟尘成分,分别见表6-6~表6-9。马来西亚巴生炼锡厂反射炉熔炼的物料、金属平衡和热平衡见表6-10。

表 6 - 6   国外部分炼锡厂炼锡反射炉的供热方式

厂 名	炉床面积/m²	供热方式	备 注
马来西亚巴生炼锡厂	1 号炉：40 2 号炉：24 3 号炉：40	烧重油 两个燃烧器	设有蓄热室预热空气
马来西亚巴特沃思炼锡厂	44.6 (5 台)	烧重油	设有蓄热室预热空气
印度尼西亚佩尔蒂姆炼锡厂	49.5 (3 台)	烧重油	每台反射炉设有两台换热器预热空气
玻利维亚文托炼锡厂	50 (2 台) 36 (2 台)	烧重油	水冷炉底 平炉顶
俄罗斯新西伯利亚炼锡厂	24 (3 台)	烧重油	
美国得克萨斯炼锡厂	44.6 (5 台)	烧天然气,设有蓄热室预热空气	1978 年改用氧气顶吹转炉后拆除

表 6-7　国外部分炼锡厂反射炉炼锡的炉渣成分和硅酸度（K）值

厂　名	炉渣成分/%						硅酸度 K 值	精矿含铁 /%
	Sn	SiO_2	FeO	CaO	Al_2O_3	其他		
马来西亚巴特沃思炼锡厂	15.9 ~ 17.6	10 ~ 12	20 ~ 25	5 ~ 9	6 ~ 7	12.6 ~ 19.6	2.0 ~ 2.2	0.009
玻利维亚文托炼锡厂	9.0 ~ 12.0	30	30	14	11		1.5	12.44
俄罗斯新西伯利亚炼锡厂	4.0 ~ 12.0	22 ~ 30	17 ~ 22	14 ~ 15	12 ~ 14		1.2 ~ 1.6	4.800 ~ 7.500

表 6-8　国外部分炼锡厂反射炉炼锡的主要技术经济指标

名　称	玻利维亚文托炼锡厂	俄罗斯新西伯利亚炼锡厂
熔炼温度/℃	1200 ~ 1280	1150 ~ 1400
熔炼周期/h·炉$^{-1}$	24	6
炉床能力/t·(m^2·d)$^{-1}$		1.80
直收率/%	1.30	85 ~ 90
烟尘率/%		73 ~ 84
重油耗量/kg·t$^{-1}_{炉料}$	150	200 ~ 250

表 6-9　国外部分炼锡厂反射炉炼锡产出的粗锡和烟尘成分

厂　名	粗锡成分/%								
	Sn	Pb	Cu	As	Sb	Bi	S	Fe	Zn
俄罗斯新西伯利亚炼锡厂	97.0 ~ 98.5	0.30	0.22	0.30	0.10	0.01	0.05	1.5	
	烟尘成分/%								
	50 ~ 60						0.70 ~ 0.90		
玻利维亚文托炼锡厂	70						2 ~ 4		3 ~ 6

表 6-10　马来西亚巴生炼锡厂反射炉熔炼的物料、金属平衡和热平衡

项目	物料名称	物　料　平　衡			金　属　平　衡	
		质量/t	含锡/%	质量比/%	锡金属量/t	比率/%
收入	锡精矿	28163	74.73	72.90	21050	90.15
	浮渣	2459	69.60	6.37	1719	7.36
	烟尘	853	68.18	2.20	582	2.49
	无烟煤	6507		16.84		
	石灰石	653		1.69		

项目	物料名称	物料平衡			金属平衡	
		质量/t	含锡/%	质量比/%	锡金属量/t	比率/%
产出	粗锡	22079	99.01	57.15	21858	93.60
	一次渣	3871	17.80	10.02	689	2.95
	烟尘	694	67.52	1.80	469	2.01
	残余物	314	84.32	0.81	265	1.14
	损失	11677		30.22	70	0.30
	合　计	38635		100.00	23351	100.00

热　收　入			热　支　出		
项　目	1t 矿热收入/GJ	%	项　目	1t 矿热支出/GJ	%
重油燃烧	3.376	41.04	氧化物的分解	3.792	46.10
无烟煤燃烧	3.252	39.54	炉渣带走热（1250℃）	0.159	1.93
炉渣生成热	0.010	0.12	粗锡带走热（800℃）	0.226	2.75
炉料的显热	0.024	0.29	烟气带走热（1000℃）	0.551	31.02
80℃重油的显热	0.012	0.15	热损失	1.497	18.20
850℃热风的显热	1.438	17.48			
吸入30℃空气的湿热	0.007	0.09			
锡蒸气氧化热	0.106	1.29			
合　计	8.225	100.00	合　计	8.225	100.00

6.4　电炉熔炼法

电炉熔炼锡精矿的试验始于 20 世纪初。1934 年，电炉炼锡首先在非洲扎伊尔的马诺诺炼锡厂（Manono Tin Smelter）采用。1940 年在法国，1941 年在加拿大等国先后使用电炉熔炼锡精矿，以后逐渐在许多国家推广。目前采用电炉炼锡的国家主要有俄罗斯、巴西、日本、泰国、玻利维亚、南非等。我国电炉熔炼锡精矿始于 1958 年，1964 年，广州冶炼厂最先使用电炉炼锡，此外，赣南冶炼厂、郴州冶炼厂、赣州有色金属冶炼厂、原昆明冶炼厂等，都是我国采用电炉炼锡的主要厂家。

炼锡的电炉一般为电弧电阻炉，通常为圆形，由三根电极供入三相交流电，靠电极与熔渣接触处产生电弧，电流通过炉料和炉渣发热，从而进行还原熔炼。

电炉熔炼具有以下特点：在有效电阻（电弧）的作用下，熔池中的电能直接转变为热能，易获得较高而集中的炉温，适于熔炼熔点较高的炉料，如含钨、钽、铌等高熔点的锡精矿；电炉炼锡基本上是在密封状态下进行的，炉内可保持较高的一氧化碳浓度，还原性气氛强，适宜处理低铁锡精矿，锡的挥发损失小；具有炉床能力高、锡直收率高、热效率高、渣含锡低等优点。

炼锡电炉的功率一般为 250 ~ 1000kV·A，最大的炼锡电炉功率达 4000kV·A，表 6 - 11 是我国广州冶炼厂炼锡电炉的功率和结构参数。

表 6-11 广州冶炼厂炼锡电炉的功率和结构参数

名　称	数　值	备　注
功率	变压器：800kV·A	
	一次电压：1000V	
	二次电压：85V，105V	
	电流：2540A	
结构参数	外形尺寸：$\phi3400mm \times 2984mm$	
	炉膛有效尺寸：$\phi1920mm \times 1600mm$	
	放锡口尺寸：$\phi50mm \times 800mm$	
	放锡口中心线至炉底的高度：130～150mm	
	炉门尺寸：350mm×450mm	
	炉顶高度：290～300mm	
	炉顶三个进料口直径：360mm	最大行程2m
	电极升降速度：1.2m/min	
	三个电极孔的同心圆直径：750mm	
	排烟口直径：360～500mm	
	炉底面积：2.8m²	
	熔池深度：600mm	

电炉炼锡的炉渣常采用 $CaO - Al_2O_3 - SiO_2$ 三元系组成为主的高钙硅质炉渣，一般成分为（%）：CaO 15～36，Al_2O_3 7～20，SiO_2 25～40，FeO 3～7，该炉渣熔点高，导电性小，表6-12是电炉炼锡炉渣成分的一些实例。

表 6-12 电炉炼锡炉渣成分

炉渣序号	炉渣成分/%					
	Sn	FeO	SiO_2	CaO	Al_2O_3	MgO
1	0.25～0.9	3～5	26～32	32～36	10～20	
2	3～5	26～36	28～30	8～15	6～10	
3	3.72～8.17	9.26～11.63	25.0～43.5	9.31～14.78	8.28～13.33	
4	0.57	1.58	47.25	14.49	12.00	1.76
5	3.29	3.29	37.68	15.80	15.12	7.08
6	2.84	6.82	52.92	12.49	12.97	2.24
7	1.31	7.18	47.51	14.49	7.54	3.24
8	2.25	7.90	46.29	16.94	5.27	4.49
9	2～3	17.31～20.56	2.39～28.32	14.51～21.19		
10	4.5～12.0	45～57	25～28	8～10	5～12	
11	3～6	6.09	31.51	15.51	11.86	

反映电炉熔炼的主要技术经济指标是炉床处理能力、电耗、锡的回收率或直收率、渣含锡以及产渣率、熔剂率等，表 6 – 13 给出了国内部分锡冶炼厂电炉炼锡的操作条件和主要技术经济指标。表 6 – 14 和表 6 – 15 是广州冶炼厂电炉炼锡的金属产物成分和烟尘成分。

表 6 – 13　国内部分锡冶炼厂电炉炼锡的操作条件和主要技术经济指标

操作条件及指标	广州冶炼厂	赣南冶炼厂	原昆明冶炼厂	来宾冶炼厂
原料类别	钨锡精矿	锡精矿	锡精矿	混合烟尘粒
操作条件：				
电压/V	85 ~ 105	85	100 ~ 200	65 ~ 170
电流/A	5400 ~ 4400	2715	5774 ~ 2887	4245 ~ 1110
温度/℃	1100 ~ 1500	1100 ~ 1500	1100 ~ 1400	1100 ~ 1500
技术经济指标：				
电耗/kW · h · t$_{锡}^{-1}$	1276 ~ 1427	1000 ~ 1200	1100 ~ 1200	1000 ~ 1200
炉床能力/t · (d · 炉)$^{-1}$	4.37 ~ 8.97	4.0 ~ 4.5	5.16	18
回收率（直收率）/%	89.26 ~ 93.47	91 ~ 94	85.2	>70
电极消耗/kg	5.34 ~ 7.15			
炉料锡品位/%	55.00 ~ 62.43			
产渣率/%	21.07 ~ 23.17			
渣含锡/%	4.21 ~ 8.65			
产尘率/%	3.12 ~ 4.73			
熔剂率/%	1.28 ~ 1.88（石灰石）			
还原剂率/%	11.04 ~ 13.64（煤）			

表 6 – 14　广州冶炼厂电炉炼锡的金属产物成分

产物名称	产物成分/%						备注
	Sn	Pb	Fe	As	Sb	其他	
甲锡	98 ~ 99.12	0.12 ~ 0.33	0.03 ~ 0.12	0.15 ~ 0.25	0.01 ~ 0.12	Cu：0.07 ~ 1.18 Bi：0.17 ~ 0.39	炼精矿
乙锡	88 ~ 92	0.8 ~ 2.3	3.52 ~ 8.73	0.7 ~ 3.0	0.02 ~ 0.10	Cu：0.06 ~ 0.60 Bi：0.18 ~ 0.70	炼精矿

表 6 – 15　广州冶炼厂电炉炼锡的烟尘成分　　　　（%）

Sn	Pb	Bi	As	S	FeO	SiO$_2$	CaO	Al$_2$O$_3$
57.45 ~ 60.09	0.42 ~ 0.65	0.056 ~ 0.328	0.65 ~ 1.16	2.05	1.03 ~ 2.35	0.32 ~ 2.82	1.62	2.37 ~ 6.42

国外，采用电炉炼锡的主要厂家有扎伊尔马诺诺炼锡厂、巴西锡公司（Cia. Estanifero do Brazil）炼锡厂、俄罗斯新西伯利亚炼锡厂、日本生野炼锡厂（Ikuno Tin Plant）、南非范得比杰帕克炼锡厂（Vanderbijlpark Tin Plant）、纳米比亚扎伊普拉特斯炼锡厂（Zaaiplaats Tin Plant）、玻利维亚文托炼锡厂、德国杜伊斯堡炼锡厂（Duisburg Tin Smelter）等。

它们的炉膛直径、功率、炉渣成分、主要技术经济指标、电炉炼锡产物成分、烟尘成分等分别见表6-16~表6-20。

表6-16 国外部分炼锡厂炼锡电炉的炉膛直径和功率

厂　名	炉膛直径/mm	功率/kV·A	备　注
扎伊尔马诺诺炼锡厂	2500	1000	敞开式炉
巴西锡公司炼锡厂		600	两个顶电极
俄罗斯新西伯利亚炼锡厂	3340	1400	电极 ϕ400mm
日本生野炼锡厂	1950	1360	电极 ϕ250mm
	1650	1050	电极 ϕ250mm
南非范得比杰帕克炼锡厂	1520 电弧炉	350	电极 ϕ203mm
纳米比亚扎伊普拉特斯炼锡厂	2390	350	电极 ϕ203mm
玻利维亚文托炼锡厂	炉外径 5800	3300	电极 ϕ700mm
德国杜伊斯堡炼锡厂	2900	2000	电极 ϕ405mm

表6-17 国外部分炼锡厂电炉炼锡炉渣成分

厂　名	炉渣成分/%						备注
	Sn	SiO_2	FeO	CaO	Al_2O_3	其　他	
新西伯利亚炼锡厂	0.3	4~50	20~30	7~9	14~17	MgO：2~3	精矿
生野炼锡厂	10~15	25~30	15.4~23.2	6~10	6~10		精矿
	0.5~1.0	30~35	3.9~6.5	22			富渣
马诺诺炼锡厂	23~27	25~35	23~35	2~3		$(Ta, Nb)_2O_5$： 17~22	精矿
	1.5	25~35	8~10	15~20	6	MgO 9, MnO：3, TiO_2：1~2, $(Ta, Nb)_2O_5$：17~22	富渣
范得比杰帕克炼锡厂	SnO_2：30	15	25	12	5	$(Ta, Nb)_2O_5$：10	精矿
	SnO_2：2	30	14	25	5	MgO：2, C：2 $(Ta, Nb)_2O_5$：20	富渣烟尘
扎伊普拉特斯炼锡厂	SnO：30	15	25	12	15	MgO：1 $(Ta, Nb)_2O_5$：10	精矿
	SnO_2：30 Sn：1~2	30	14	25	5	MgO：2, C：2, $(Ta, Nb)_2O_5$：20	富渣
杜伊斯堡炼锡厂	1.9~7.9	26.8~37.6	2.1~6.2	27.2~37.4	6.3~11.2	Pb：<0.02, Zn：<0.2~8.0	富渣（1）
	4.0~19.1	25.9~32.9	16.0~23.5	15.9~26.6	2.2~10.9	Pb：0.04~0.60, Zn：<2.30~5.20	富渣（2）
	0.3~1.0	37.1~39.3	0.3~2.8	37.9~50.4	6.4~13.5	Pb：<0.02, Zn：0.30~0.50	废渣

表 6-18 国外部分炼锡厂电炉炼锡的主要技术经济指标

主要技术经济指标	新西伯利亚炼锡厂		杜伊斯堡炼锡厂
	流程 1	流程 2	
炉床能力/t·(m²·d)⁻¹	4.59	5.10	6.60
电极消耗/kg	6.07	6.28	2.00~2.30
吨矿电耗/kW·h	1028	870	750~950
回收率/%	88.75	88.98	99.50
直收率/%	79.35	76.91	72.57~80.90
炉料锡品位/%	44.2	39.8	56.70~59.50
产渣率/%			27.60~37.20
渣含锡/%			8.30~19.10
产尘率/%			5
熔剂率/%	8.78（石灰石）	8.40（石灰石）	2.26~6.37（石灰石）
还原剂率/%	8.90（焦粉）	8.24（焦粉）	11.40~11.90（焦粉）

表 6-19 国外部分炼锡厂电炉炼锡的金属产物成分

厂 名	产物名称	产物成分/%						备 注
		Sn	Pb	Fe	As	Sb	其 他	
新西伯利亚炼锡厂	粗锡	99		0.5~0.6				炼精矿，随后加硅铁炼富渣
	贫硅铁	3~4		50~65			Si：18~25	
生野炼锡厂	粗锡	87~90		8~10				炼精矿
	硬头	45~50		45~50				炼富渣
	贫硅铁	2~3		75~78			Si：15~18	加石英砂和焦炭炼硬头
范得比杰帕克炼锡厂	粗锡	80~85		10~15				
	硬头	50		50				加木炭、石灰石、铁矿石炼富渣
扎伊普拉特斯炼锡厂	硬头	50		50				加木炭炼富渣
杜伊斯堡炼锡厂	粗锡	78.4~99.3	0.05~9.90	0.1~2.2	0.1~2.0	0.03~2.80	Cu：0.03~3.40	炼精矿或制粒炉料
	硬头	40.0~58.9	1.2~4.1	5.1~26.2	0.8~7.1	0.1~1.8	Cu：0.06~1.50 Zn：0.20~3.90	炼富渣

表 6-20 新西伯利亚炼锡厂电炉炼锡的烟尘成分   （%）

Sn	FeO	SiO₂	CaO
48~55	1.5~2.0	8~15	2~4

6.5 奥斯麦特熔炼技术

奥斯麦特熔炼技术是 20 世纪 70 年代由澳大利亚联邦科学与工业研究组织（缩写为 CSIRO），为处理低品位锡精矿和含锡复杂物料而开发的一种强化熔炼技术，也称为赛罗熔炼技术（Sirosmelt）。

1981 年，该技术主要发明人弗罗伊德（J. M. Floyd）博士成立澳大利亚奥斯麦特公司（Ausmelt Limited），将该技术应用于锡、锌、铜等金属的冶炼，因而该技术也统称为奥斯麦特技术（Ausmelt Technology）或顶吹浸没喷枪熔炼技术（Top Submerged Lance Technology）。

奥斯麦特熔炼技术的核心是通过将一支经特殊设计的喷枪，从炉顶部插入垂直放置的呈圆筒形炉膛内的熔体之中，空气（或富氧空气）和燃料（油、天然气或粉煤）从喷枪末端喷入熔体，在炉内形成剧烈翻腾的熔池，完成一系列的物理化学反应。

世界上第一座用于锡精矿熔炼的奥斯麦特炉，是 1996 年由秘鲁明苏（Minsur S. A）公司冯苏尔锡冶炼厂（Funsur Tin Smelter）从澳大利亚奥斯麦特公司引进建成的。该座奥斯麦特炉内径 3.9m，具有年处理锡精矿 3 万吨，生产精锡 1.5 万吨的生产能力，建成投产后于 1997 年全面达到设计指标，1998 年后改用富氧（30% 氧气）鼓风后，年处理能力增大到 4 万吨精矿，产出约 2 万吨精锡。表 6 – 21 是其使用的锡精矿成分和还原熔炼后炉渣的成分。

表 6 – 21　冯苏尔冶炼厂使用的锡精矿成分和还原熔炼后炉渣的成分

	Sn	Pb	As	Cu	Bi	Sb
锡精矿成分/%	51.300	0.100	0.310	0.130	0.002	0.028
	Zn	Fe	SiO_2	Al_2O_3	Ca	S
	0.091	5.029	12.360	1.199	0.177	1.010
炉渣成分/%	Sn	FeO	SiO_2	CaO	Al_2O_3	
	8~10	28	36	18	9	

我国云锡公司 1999 年决定引进奥斯麦特熔炼技术，用一座奥斯麦特炉取代使用的所有锡精矿还原熔炼反射炉和电炉设备，并对锡精矿还原熔炼系统及其配套工序和设施进行全面改造。经引进、消化吸收、建设和配套改造，云锡公司引进的奥斯麦特炉于 2002 年 4 月 11 日点火投料并一次试车成功，用一座奥斯麦特炉取代了原有的 7 座反射炉，一个月后，主要技术指标达到了设计能力。

云锡公司的奥斯麦特炉炼锡系统由炼前处理、配料、奥斯麦特炉、余热发电、收尘与烟气治理、冷却水循环、粉煤供应和供风系统等部分组成。其奥斯麦特炉是一个高为 8.6m，外径 5.2m，内径 4.4m 的钢壳圆柱体，上接呈收缩状的锥体部分，再通过过渡段与余热锅炉的垂直上升烟道相接，炉子总高约 12m，炉体内壁衬砖全部为优质镁铬砖。炉顶为倾斜的平板钢壳，内衬用带钢纤维的高铝质耐火材料浇注。炉顶分别设有喷枪口、进料口、备用烧嘴口、取样观察口。炉底则设有相互成 90° 配置的锡排放口和渣排放口。

云锡公司奥斯麦特炉的喷枪由经特殊设计的三层同心套管组成，中心是粉煤通道，中间层是燃烧空气，最外层是二次燃烧风。熔炼过程中，物料从炉顶进料口直接加入熔池，粉煤和空气通过插入熔体的喷枪喷入熔池，二次燃烧风则在熔池上部喷出，使过剩的碳、一氧化碳、氧化亚锡、硫化亚锡等在炉膛内氧化燃烧。喷枪固定在沿垂直轨道运行的喷枪架上，根据炉况变化，控制上下移动。更换喷枪时，需从烧嘴口插入备用烧嘴加热保持炉温。

云锡公司奥斯麦特炉还原熔炼锡精矿分周期性进行，每个周期分锡精矿还原熔炼阶段、渣还原阶段、排渣阶段等三个过程。

在锡精矿还原熔炼阶段，粉煤和空气通过喷枪喷入熔池，使熔池温度保持在 1150℃ 左右，通过调节风煤比，控制喷枪出口处的熔池表面保持有足够的还原性气氛。由炉顶连续加入的包括锡精矿、还原煤、返料及熔剂的物料，在熔池内完成一系列的物理化学反应，随着反应的进行，还原出的金属锡聚积在相对平静的炉底，每隔 2h，从放锡口开口出锡一次。随着反应的进行，熔池深度从最初的 0.35m 上升到 1.2m 左右，放出第 3 次锡后，进入渣还原阶段。

在渣还原阶段，停止加入精矿，但继续加入还原煤，单独对渣进行还原，使渣含锡从 15% 降到 5% 左右，此阶段的熔池温度上升到 1250℃ 左右，持续时间约 1 小时。

渣还原阶段结束后，停止加入一切物料，进入排渣阶段。此时，提起喷枪在熔体表面燃烧保温，从放渣口开口放出炉渣，一直到熔池深度降到 0.35m 左右为止，持续时间约 1h。

云锡公司奥斯麦特炉还原熔炼锡精矿，采用偏酸性的炉渣类型，其中 SiO_2、FeO、CaO 的含量之和约占炉渣质量的 80%，硅酸度 K 值控制在 1 ~ 1.2。此外，其工艺特点还有：冷却方式采用炉壁喷淋水冷却，喷枪的更换为不定期等。

云锡公司奥斯麦特炉熔炼系统的试生产情况见表 6-22。表 6-23 是奥斯麦特炉熔炼与反射炉熔炼的主要技术经济指标比较。

表 6-22 云锡公司奥斯麦特炉熔炼系统的试生产情况

试生产情况	第 一 炉 期	第 二 炉 期
投料时间	2002 年 4 月投料，9 月 3 日停炉	2002 年 10 月 25 日点火，10 月 29 日进料生产，2003 年 5 月停炉
作业时间	138 天	211 天
冶炼炉次	303 炉	602 炉
处理物料	24731.159t	51865.997t
产出粗锡	9139.52t	19955.73t
每炉产锡	30.163t	32.667t
炉床指数	14.6t/(m² · d)	17.36t/(m² · d)
余热发电	724.56 万 kW · h	2142.61 万 kW · h
平均电量	5.25 万 kW · h/d	5.25 万 kW · h/d

表 6-23 奥斯麦特炉与反射炉的主要技术经济指标比较

指 标	单 位	反射炉 (2002 年 1 ~ 11 月)	奥斯麦特炉 第一炉期	奥斯麦特炉 第二炉期
炉床指数	t/(m² · d)	1.15	14.59	17.36
作业率	%	85.32	73.19	96.39

指　标	单　位	反射炉	奥斯麦特炉	
		（2002 年 1 ~ 11 月）	第一炉期	第二炉期
锡直收率	%	75.96	64.24	68.48
入炉品位	%	45.85	52.12	49.39
粗锡品位	%	83.27	90.44	88.91
乙锡比	%	29.39	17.69	21.37
产渣率	%	41.52	33.73	28.94
渣含锡	%	10.29	5.65	4.47
烟尘率	%	13.47	25.24	24.72
硬头率	%	1.09	0.39	0.14
熔剂率	%	3.43	4.06	0.05
锡金属平衡	%	98.55	98.70	99.34
锡回收率	%	98.03	98.02	99.15

6.6　短窑熔炼

世界上，采用短窑炼锡规模最大的厂家是印度尼西亚的佩尔蒂姆炼锡厂，此外，玻利维亚的奥鲁罗炼锡厂、德国的杜伊斯堡炼锡厂等也采用短窑熔炼。表 6 – 24 ~ 表 6 – 26 是国外部分炼锡厂炼锡短窑的规格、处理的物料、主要技术条件和技术经济指标、短窑炼锡的产物等。

表 6 – 24　国外部分炼锡厂炼锡短窑的规格及处理的物料

厂　名	短窑规格	处 理 的 物 料
佩尔蒂姆炼锡厂	φ3.6m × 8m（3 台）	一次熔炼：精矿（Sn：大于 70%）、硬头、制粒的烟尘；二次熔炼：富渣
奥鲁罗炼锡厂	φ2.8m × 1.95m	低品位锡精矿；含锡约 58% 的富精矿
杜伊斯堡炼锡厂	φ3.6m × 8m	厂外残渣（含锡铅，呈氯化物或块状）；厂内返回品（包括硬头和烟尘）

表 6 – 25　佩尔蒂姆炼锡厂短窑炼锡的主要技术条件和技术经济指标

名　称	数　据		名　称	数　据
熔炼温度/℃	熔炼精矿：1100		吨锡消耗还原剂/t	0.33
	熔炼富渣：1250		吨锡电耗/kW·h	208.04
吨料熔炼时间/h	熔炼精矿：0.7		吨锡耗冷却水/m³	5.88
	熔炼富渣：1.3		富渣率/%	25
床能力/t·(m²·d)⁻¹	熔炼精矿：1.36		尾渣率/%	15
	熔炼富渣：0.80		富渣含锡/%	15 ~ 25
年工作日数/d	300			

名　称	数　据	名　称	数　据
耐火材料寿命/月	8	尾渣含锡/%	1.0 ~ 1.5
燃油量/L·h⁻¹	熔炼精矿：200 熔炼富渣：280	熔炼含锡 70% 的 精矿的总回收率/%	98.5 ~ 99.0

表 6 – 26　国外部分炼锡厂短窑炼锡的产物成分

厂　名	产物 名称	产物成分/%					
		Sn	Pb	Fe	As	Sb	其　他
佩尔蒂姆 炼锡厂	粗锡	99.79 ~ 99.83	0.012 ~ 0.031	0.089 ~ 0.144	0.010 ~ 0.188	0.005 ~ 0.010	微量 Cu、Bi、Ni、 Co、Zn、Cd
	硬头	71.94	0.100	24.630	0.008	0.006	Cu：0.021 Ni：0.019
	富渣	15 ~ 23	SiO₂：8 ~ 20，FeO：20 ~ 26，CaO：2 ~ 4，MgO：2 ~ 4				
	尾渣	0.80 ~ 1.20	SiO₂：18 ~ 24，FeO：14 ~ 21，CaO：6 ~ 9，MgO：2 ~ 4				
	烟尘	60 ~ 72	SiO₂：0.2 ~ 2.0，FeO：1 ~ 4，CaO：1.1 ~ 2.3，S：0.2 ~ 3.0，C：1 ~ 2				

奥鲁罗 炼锡厂	冶炼含锡 58.55% 的精矿						
	产　物	金属锡	浮渣	硬头	锍	烟尘	富渣	废渣
	含　锡/%	99.35	68.09	48.48	3.48	39.35	2.05	1.27
	锡分布率/%	79.32	4.86	2.97	0.14	3.90	0.12	1.11

杜伊斯堡 炼锡厂	产物：黄渣，炉渣，氧化物烟尘，粗焊锡，粗锡和含锡 30%、含铁 50% 的硬头

6.7　鼓风炉熔炼

英国卡佩尔·帕斯炼锡厂用鼓风炉熔炼低品位锡精矿，其鼓风炉结构参数、处理的物料熔炼产物成分等见表 6 – 27。

表 6 – 27　英国卡佩尔·帕斯炼锡厂鼓风炉炼锡的主要数据

结构参数	炉缸尺寸：6m × 2m				
处理的物料	含锡 20% 的精矿、残渣、烟尘和再生物料，先与溶剂混合、制粒，再吸风烧结成块				
产物主要成分/%	炉渣	Sn	SiO₂	FeO	CaO	其　他
		4.5	20	35	12	ZnO、Al₂O₃ 及其他氧化物

7 锡炉渣的处理

7.1 概 述

炉渣是炼锡的重要产品，为了提高炉子的生产率与锡的回收率、获得较好的技术经济指标，必须正确选择炉渣的组成，以便熔炼过程顺利进行。对于炼锡而言，重要的任务是分离锡与铁，尽量使铁造渣，一般选择 $FeO - SiO_2 - CaO$ 渣系。

在锡还原熔炼过程中，为了分离锡与铁，选择的条件［温度及 CO（%）］是相同的，即第 6 章中介绍的反应式（6 – 13）与反应式（6 – 14）几乎在同一条件下达到平衡，即：

$$P_{CO}/P_{CO_2} = K_{Sn} = \alpha_{[Sn]}/\alpha_{(SnO)} = K_{Fe}\alpha_{[Fe]}/\alpha_{(FeO)}$$

当还原气氛维持不变，即 P_{CO}/P_{CO_2} 一定，温度一定时，K_{Sn}/K_{Fe} 也是一定的，于是可以得到：

$$\alpha_{(SnO)} = \alpha_{[Sn]}/\alpha_{[Fe]} \times \alpha_{(FeO)}，\alpha_{(SnO)} = \gamma_{(SnO)}$$

上式表明，如果铁硅酸盐炉渣中 $\alpha_{(FeO)}$ 愈小，便可以得到含锡愈低的炉渣，即渣中的锡还原愈完全。炉渣中的 $\alpha_{(FeO)}$ 与 $\alpha_{(SnO)}$ 主要与炉渣中的 FeO，SiO_2，CaO 的含量有关，因为它们的总量约占炉渣量的 80% ~ 85%。

渣中的 SnO 被还原后产生的液态金属锡滴，悬浮在液态炉渣中，因此必须创造小锡滴聚合并从渣中沉下的条件，否则锡、铁不能很好地分离，渣含锡会很高。锡滴聚合与沉下的条件与炉渣的熔点、黏度、密度和表面张力等性质有关。

还原熔炼的温度由炉渣的黏度与熔化温度来确定，故熔炼过程的燃料与耐火材料消耗等许多技术经济指标也都与炉渣的性质有关。

渣带走的锡量是锡在熔炼过程中的主要损失。锡在渣中损失的原因主要有：

（1）渣中的 SnO 没有完全被还原造成的化学损失，此部分约占渣中锡量的 50%；

（2）还原后的小锡滴没有聚合沉下，悬浮在渣中的机械损失在富渣中约占锡量的 40%；

（3）锡在渣中的溶解，这种损失较少。这些锡在渣中损失的原因与炉渣中的主要化学组成 $FeO - SiO_2 - CaO$ 的含量有关，因为这些组成含量的变化决定了炉渣的性质。

7.2 炼锡炉渣的组成及性质

在讨论炉渣的组成和结构时，较成熟的理论是分子与离子共存理论。按照共存理论的观点，熔渣是由简单离子（Na^+，Ca^{2+}，Mg^{2+}，Mn^{2+}，Fe^{2+}，O^{2-}，S^{2-}，F^- 等）和 SiO_2、硅酸盐、铝酸盐等分子组成。国内外一些炼锡厂的炉渣组成见表 7 – 1，从表 7 – 1 中可以看出，炼锡炉渣可以分为三大类型：（1）铁质炉渣，这类炉渣以氧化亚铁和二氧化硅二元组成为主；（2）低铁质炉渣，这类炉渣以氧化亚铁、二氧化硅和氧化钙三元组成为主；（3）高钙硅质炉渣，这类炉渣以氧化钙、二氧化硅和三氧化二铝三元组成为主。

表 7 - 1　国内外一些炼锡厂炼锡炉渣的化学成分实例

成　分	SiO₂	FeO	CaO	Al₂O₃	Sn	硅酸度	熔炼设备
国内 1 号	19~24	38~45	1~2	7~12	6~10	1.1~1.3	反射炉
国内 2 号	24~31	31~35	9~10	1.4~1.6	7~10	1.2~1.6	反射炉
国内 3 号	26~32	3~5	32~36	10~20	3~7	1.0~1.2	电炉
国内 4 号	17~26	9~21	15	7~12	3~5	1.3~2.0	电炉
美　国	41.12	13.20	2	10.2	23.6		反射炉
前苏联	22~30	17~22	14~15	12~14	4~12	1.25~1.6	反射炉
印度尼西亚	18~24	14~21	5~9		0.8~12		转炉
玻利维亚	30	30	14	11	9~12	1.45	反射炉
马来西亚	21.53	16.9	12.72	6.81	15.07	1.55	反射炉
英　国	25	32	13	10	4.4	1.34	鼓风炉

高铁质炉渣适用于冶炼含铁量大于 15% 的锡精矿；低铁质炉渣适用于含 5%~10% 的高硅质锡精矿或富渣再熔炼；高钙硅质炉渣的导电性小，熔点高，适用于电炉处理含铁量低于 5% 的锡精矿及烟尘。

下面以 FeO - SiO₂ - CaO 三元系作为锡炉渣的代表渣系来讨论炉渣的性质。

7.2.1　炉渣熔点

常见造渣氧化物的熔点都很高，其熔点见表 7 - 2。

表 7 - 2　常见造渣氧化物的熔点

MeO	SiO₂	Al₂O₃	FeO	CaO	MgO
$t_{熔}$/℃	1723	2060	1371	2575	2800

如果将这些 MeO 按适当比例配合，可以得到熔点较低的炉渣。以 FeO - SiO₂ 二元系（见图 7 - 1）为例，就可以得到熔点为 1205℃ 的 2FeO·SiO₂ 化合物，熔点为 1178℃ 与 1177℃ 的两个共晶物。如果造出这种含 SiO₂ 在 24%~38% 之间的 FeO - SiO₂ 二元系炉渣，其理论熔化温度为 1200℃ 左右，符合炼锡炉渣的上限温度，但这种炉渣含铁高，密度大。由于 $\alpha_{(FeO)}$ 大，会有大量的（FeO）被还原进入粗锡，产出硬头，给熔炼及精炼过程造成许多麻烦，所以只有当熔炼高铁 15%~20% 精矿时，才考虑选用此类渣型，以便减少溶剂的消耗。其他 SiO₂ - CaO，FeO - CaO 二元系的熔点都很高，在有色冶金中都不能采用，一般选用 FeO - SiO₂ - CaO 三元系炉渣。

图 7 - 2（a）所示为 FeO - SiO₂ - CaO 三元系炉渣状态图，图中表明，在靠近 SiO₂ - FeO 线一方的 2FeO·SiO₂（F₂S）化合物点，配入适当的 CaO，使其成分向中央扩散，可形成一个低熔点炉渣组成区域（低于 1300℃），这个区域是炼锡炉渣及其他有色冶金炉渣的组成范围，见图 7 - 2（b）。若要求炉渣熔点低于 1150℃，则炉渣组成范围为（%）：

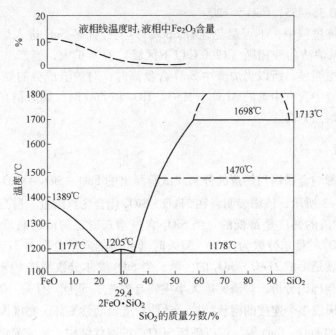

图 7-1　FeO-SiO₂ 二元系状态图

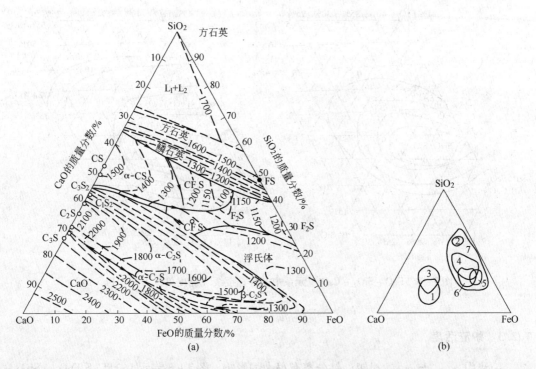

图 7-2　FeO-SiO₂-CaO 三元系状态图及各种炉渣的组成范围

（a）三元系状态图；（b）FeO-SiO₂-CaO 三元系中各种炉渣的组成范围

CS—CaO·SiO₂；C₃S₂—3CaO·2SiO₂；C₂S—2CaO·SiO₂；C₃S—3CaO·SiO₂

1—碱性炼钢平炉；2—酸性炼钢平炉；3—碱性氧气转炉；4—铜反射炉；5—铜鼓风炉；6—铅鼓风炉；7—炼锡炉渣

SiO_2 32~46，FeO 35~55，CaO 5~20。

在锡还原熔炼过程中，不可避免地有 SnO、甚至有许多 SnO 进入炉渣中，使 FeO - SiO_2 - CaO 三元系炉渣的液相区（1200℃以下区域）有所扩大，当产出 SnO 含量高的炉渣时，范围扩大更明显，所以当炉渣中 SnO 含量高时，对炉渣成分的要求不如含 SnO 低时那么严格。炉渣中含有少量的 Al_2O_3，MgO，TiO_2 和 ZnO 时，熔点稍有降低，若其含量高时会使炉渣的熔点升高。

7.2.2　炉渣黏度

炉渣的黏度影响金属锡与炉渣的分离。试验测出的 FeO - SiO_2 - CaO 三元系炉渣的组成—黏度如图 7 - 3 所示，该图表明，在 $2FeO \cdot SiO_2$ 化合物点附近，适当加入少量的 CaO（小于20%），炉渣的黏度是最低的。当 SiO_2 含量增加时，炉渣的黏度明显增大。如图 7 - 4 所示中，SiO_2 的摩尔分数为35% ~37%时（相应的质量分数为31% ~33%），恰为黏度下降区，也就是形成 $2FeO \cdot SiO_2$ 的区域，当 SiO_2 摩尔分数超过40%时，黏度明显上升。根据炉渣结构理论分析，炉渣黏度大小主要与炉渣中 $Si_xO_y^{z-}$ 有关，炉渣含 SiO_2 愈高，$Si_xO_y^{z-}$ 愈复杂，形成多个连接的网状结构，致使炉渣流动性变坏，黏度大大升高，加入一些碱性氧化物，如 FeO，CaO 等，可以破坏 $Si_xO_y^{z-}$ 的网状结构，形成简单的金属阳离子和 SiO_4^{4-}、O^{2-} 离子，从而使炉渣黏度降低。

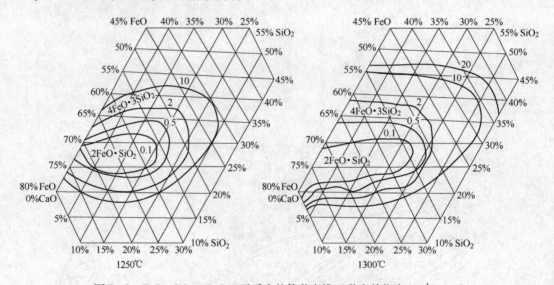

图 7 - 3　FeO - SiO_2 - CaO 三元系中的等黏度线（黏度单位为 $10^{-1}Pa \cdot s$）

7.2.3　炉渣活度

炉渣中 $\alpha_{(FeO)}$ 与 $\alpha_{(SnO)}$ 对锡、铁分离有很大的影响。图 7 - 5 表示1600℃下 FeO_n - SiO_2 - CaO 三元系渣中 $\alpha_{(FeO)}$ 随渣成分的变化。该图中的 *AB* 线表示在 SiO_2 - FeO 二元系渣中，加入适量的 CaO，可使渣中 $\alpha_{(FeO)}$ 增加，这是由于 CaO 的碱性更强，可以置换出 $2FeO \cdot SiO_2$ 中的 FeO 而形成 $2CaO \cdot SiO_2$，SnO 以 $SnO \cdot SiO_2$ 的形态溶于硅酸盐炉渣中。与 FeO - SiO_2

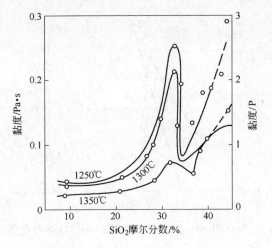

图 7-4　$FeO-SiO_2$ 系熔体的黏度

二元系一样，往 $SnO-SiO_2$ 二元系渣中加入 CaO，可以置换出 SnO，从而提高 $\alpha_{(SnO)}$，并且随着 CaO 含量的增加其活度增大，见图 7-6 中的 AB 线。

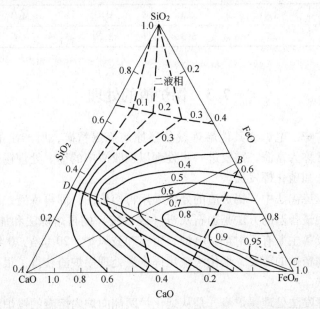

图 7-5　FeO_n-SiO_2-CaO 三元系中 FeO 的等活度线（1600℃）

在 AB 线上，SnO 的浓度不变，但沿着 AB 线方向减少 SiO_2 和增加 CaO 的含量时，$\alpha_{(SnO)}$ 从 A 点时的 0.6 增至 0.7，0.75，最后接近 0.8（即 AB 线与图中等活度线各交点的值），故 $\gamma_{(SnO)}$ 也随之增大，所以在锡精矿还原熔炼时，造高钙渣更有利于渣中的（SnO）还原，这是富锡炉渣加钙（CaO）再熔炼的主要依据。

7.2.4　炉渣密度

炉渣与金属熔体的密度差对炉渣与金属熔体的澄清分层有着决定性的作用。炉渣密度

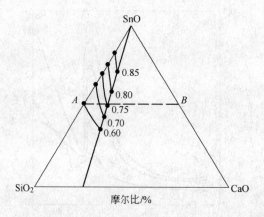

图 7 - 6　SnO - CaO - SiO₂ 三元系中（1100℃）SnO 的等活度线

愈小，其与金属熔体的差值愈大，一般其值不应低于 1.5～2，才有利于两者的澄清分层。

炉渣的密度可按其组成的密度，用加权法进行近似计算，其主要组成的密度见表 7 - 3。

表 7 - 3　炉渣主要组成物的密度

氧化物	FeO	CaO	Al₂O₃	MgO	SiO₂
密度/g·cm⁻³	5	3.32	2.80	3.4	2.51

7.3　锡炉渣的处理

无论采用反射炉、电炉或其他熔炼设备还原熔炼锡精矿，所产出的炉渣中含锡都较高，该类炉渣通常称为富渣，需要进一步处理以回收渣中的锡。处理锡炉渣的方法主要有两种：还原熔炼法和硫化挥发法。

在传统的两段炼锡法中，锡炉渣的处理采用再熔炼法，即再炼渣，以回收富渣中的锡并产出弃渣，使用最普遍的方法是加石灰石（或石灰）的再熔炼法和加硅铁的再熔炼法。采用的还原熔炼设备主要有反射炉、电炉、短窑和鼓风炉。20 世纪 70 年代以来，为适应冶炼中、低品位锡精矿的需要，烟化法硫化挥发法处理锡炉渣获得了很大发展，成为处理锡炉渣的主要方法。

烟化法硫化挥发法处理锡炉渣，是从烟化炉两侧向炉内熔融的锡炉渣鼓入高压空气和燃料（粉煤或燃油）的混合物，使其强烈搅拌，并在适宜的时间加入硫化剂（黄铁矿粉末），使渣中的锡转变为硫化亚锡（SnS）挥发，部分锡以氧化亚锡（SnO）形式挥发，最后在空气中氧化为氧化锡（SnO₂）烟尘收集。

烟化过程中发生的主要化学反应为：

$$2FeS_2 \longrightarrow 2FeS + S_2$$
$$SnO \cdot SiO_2 + FeS \longrightarrow SnS + FeO \cdot SiO_2$$
$$SnO + CO \longrightarrow Sn + CO_2$$
$$CO_2 + C \longrightarrow 2CO$$
$$Sn + FeS \longrightarrow SnS + Fe$$

$$4SnO + 3FeS \longrightarrow 3SnS + Fe_3O_4 + Sn$$
$$SnO + FeS \longrightarrow SnS + FeO$$

总反应式为：

$$Sn^{2+}_{(s,l)} + S^{2-}_{(s,l)} \longrightarrow SnS_{(g)}$$

工业实践中炉渣硅酸度控制在 $1 \sim 1.5$ 之间，此时弃渣含锡较低，作业运行顺畅，挥发速率较快。推荐的适宜渣型的成分为（%）：SiO_2 $26 \sim 28$，FeO $50 \sim 55$，CaO $6 \sim 8$，$Al_2O_3 < 10$。如渣中 SiO_2 和 Al_2O_3 含量较高，将导致炉渣熔点升高，黏度增大，在正常的作业温度下 $1150 \sim 1280℃$，炉渣的理化性质恶化，影响传热传质，降低硫化挥发速率，弃渣含锡高，甚至作业难以进行。

烟化炉硫化挥发的主要产物是含锡烟尘、弃渣和烟气。

表 7-4 是云锡公司第一冶炼厂烟化炉处理的物料的化学成分，表 7-5 是国内某些锡冶炼厂采用烟化炉等方法处理含锡物料时产出的弃渣成分，表 7-6 是云锡公司第一冶炼厂烟化炉产出的烟尘和弃渣成分，表 7-7 是国内部分炼锡厂烟化炉的主要指标，表 7-8 是云锡公司第一冶炼厂烟化炉的单耗。

表 7-4 云锡公司第一冶炼厂烟化炉处理物料的化学成分

物 料 名 称	化学成分/%					
	Sn	Pb	Zn	Cu	As	S
反射炉富渣	10.095	0.477	1.290	0.053	0.120	1.010
反射炉烟道灰	15.728	1.520	1.000	0.136	1.200	0.430
锡中矿	3.594	0.787	0.266	0.601	0.070	5.831
高硫锡中矿	4.300	0.159	0.135	0.261	1.550	22.540
烟化炉烟道灰	6.777	2.150	0.473	0.244	1.650	2.290
鼓风炉渣	4.784	5.049	0.804	0.200	2.250	1.470
电炉渣	6.723	0.144	0.292	0.013	0.200	1.050
黄铁矿	0.500	0.063	0.201	0.411	1.700	30.960
外购锡中矿	4.061	1.070	0.986	0.790	1.820	1.610
外购炉渣	5.924	0.349	0.744	0.798	1.100	2.460
其他锡中矿	2.164	0.980	0.843	0.980	1.750	2.333

物 料 名 称	化学成分/%				
	Bi	FeO	CaO	MgO	SiO$_2$
反射炉富渣	0.021	43.600	4.155	1.006	22.340
反射炉烟道灰	0.041	14.000	10.400	0.267	30.630
锡中矿	0.093	50.429	1.502	0.386	2.240 ~ 33.839
高硫锡中矿	0.307	44.700	2.830	0.512	
烟化炉烟道灰	0.071	42.260	8.301	0.560	
鼓风炉渣	0.035	38.020	8.926	2.140	23.520
电炉渣	0.019	31.390	15.140	1.286	23.260
黄铁矿	0.055	60.080	2.202	0.536	4.670

续表 7 - 4

物料名称	化学成分/%				
	Bi	FeO	CaO	MgO	SiO$_2$
外购锡中矿	0.063	39.700	2.244	0.367	12.890
外购炉渣	0.133	23.670	6.109	1.341	24.780
其他锡中矿	0.137	48.620	2.593	0.534	14.870

表 7 - 5　某些工厂采用烟化炉处理含锡物料时产出的弃渣成分

设　备	处理物料	弃渣成分/%				
		FeO	CaO	SiO$_2$	Al$_2$O$_3$	MgO
烟化炉	锡炉渣	37	17	30	10	1
烟化炉	锡中矿	50 ~ 55	6 ~ 8	26 ~ 28	< 10	
小型烟化炉	锡炉渣	20 ~ 25	20 ~ 25	30 ~ 35	12 ~ 15	
烟化炉	贫精矿	30 ~ 40	4 ~ 6	25 ~ 35	11 ~ 14	
鼓风炉	锡炉渣	20 ~ 33	19	26 ~ 37	8	

表 7 - 6　云锡公司第一冶炼厂烟化炉产出的烟尘和弃渣成分

名称	烟尘和弃渣成分/%									备注
	Sn	Pb	Bi	Zn	As	S	FeO	SiO$_2$	CaO	
含锡烟尘	45.78	9.49	0.13	9.88	3.01	1.08	4	3.4	0.22	1982 年数据
弃渣	0.07 ~ 0.10	0.02 ~ 0.06		0.4 ~ 0.9	0.08 ~ 0.4	2 ~ 3	39 ~ 45	20 ~ 23	2 ~ 3	
含锡烟尘	49.2 ~ 51.5	5.7 ~ 10.9	0.6 ~ 0.7	6.77 ~ 7.80	4.6 ~ 5.8	1.36 ~ 1.55	2.4 ~ 2.5		0.14 ~ 0.2	1996 年数据
弃渣	0.10	0.03	0.02	0.10	0.35	1.51	45 ~ 50	25 ~ 28	5 ~ 8	

表 7 - 7　国内部分炼锡厂烟化炉的主要指标

主　要　指　标	炼　锡　厂　名　称			
	云锡一冶	柳州冶炼厂	广州冶炼厂	西湾冶炼厂
炉子结构	全水套	全水套	全水套	全水套
炉床面积/m^2	2.62	2.01	1.8	1.84
装料量/t	7 ~ 8	2 ~ 2.5	1.5 ~ 2	2.5 ~ 2.8
作业方式	挥发	挥发	挥发	挥发
燃料种类	粉煤	粉煤	粉煤	粉煤
燃料率/%	24 ~ 30	23.8	20	29 ~ 41

表 7-8 云锡公司第一冶炼厂烟化炉的单耗

名 称	20 世纪 70 年代		20 世纪 80 年代		1997 年	
	按 1t 渣计[①]	按 1t 锡计	按 1t 物料计[②]	按 1t 锡计	按 1t 物料计[③]	按 1t 锡计
煤耗/t	0.25	4.15	0.60 ~ 0.73	20 ~ 24	0.55 ~ 0.60	7.24 ~ 7.89
黄铁矿/t	0.092	1.575	0.080 ~ 0.150	2.67 ~ 5.00	0.096 ~ 0.110	1.260 ~ 1.450
石灰石/t	0.115	1.95				
电耗/kW·h	195	3295			32	421
水耗/t	41.5	697			70	921
压缩空气/m³	995	16839			1500 ~ 2600	19695 ~ 34216

①进料品位按弃渣含锡和挥发率计为 6.9%；
②进料品位按弃渣含锡和挥发率计为 3.1%；
③进料品位 7% ~ 8%。

8　高钨电炉锡渣的处理

8.1　高钨电炉锡渣特性

8.1.1　简述

我国的锡资源，不少是钨锡共生，含硅较高，特别是南方地区，如广东、广西、江西、湖南及云南文山等地。此类锡矿由于在选矿时钨锡分离困难，所以粗炼时一般用电炉熔炼。其电炉渣往往含钨、硅等较高，含铁低，此类渣黏度大，有的在熔融状态甚至会发泡，形成泡沫渣，在液态烟化处理时，无法进行吹炼，不能正常作业。长期以来，这类锡渣只能堆存或低价售给其他锡冶炼厂，少量搭配处理，影响了炼锡厂的经济效益和金属回收率，为此，对高钨、高硅锡炉渣或低锡物料的处理方法研究提到了重要的位置。为了在工业上解决这一问题，有必要探求钨硅等元素在烟化过程中的行为，研究其对烟化过程及对操作的影响，从而寻求解决的方法，为烟化法开辟新的应用领域。

选择国内某炼锡厂有代表性的高钨电炉锡渣试样，对其特性进行研究。

8.1.2　试验方法和设备

8.1.2.1　黏度测定

使用中科院化冶所与鸡西无线电厂联合研制的 ND-2 型数字式高温黏度计进行测试。在整个测试过程中，试样经模压成型，在竖式管状电炉内的刚玉坩埚内连续通入氩气保护，用金属钼测杆（测头浸入熔渣内一定深度）连续定向旋转，测定熔渣在某一条件下（压力、气氛、温度）的黏度、测量信号经光电信号输出，由毫秒数码显示记录，每个试样熔渣黏度值的测定，采用由高温向低温逐段恒温连续测定的方式进行。

8.1.2.2　熔点测定

用自制的熔点测定仪测量，测定仪以大功率的镍片为发热体，磨细的炉渣置镍片上加温，并通氩气保护，用显微镜观察熔化情况，记录下熔化开始和终了的温度，用双铂铑热电偶测温，并随时用纯银丝校正热偶温度，仪器灵敏度 ±25℃，每种渣样测定三次，结果取平均值。

8.1.2.3　X 射线衍射及电子探针分析

首先，通过光谱分析，定性得出物料的元素组成，然后再经化学分析，定量得出物料的元素含量。

采用日本产 3015 型 X 射线衍射仪，管压：25kV，管流：20mA，靶管：CuK_2，扫描速度 1℃/min，走纸速度 10mm/min，考察物料的物相组成。再通过显微镜鉴定和电子探针分析，最终确定物料内各物相的含量和各元素在各相中的分配。

8.1.3 高钨电炉锡渣化学分析

取不同的高钨电炉锡渣样，选择其中一种（DS-7渣）进行光谱分析，然后对各种高钨电炉锡渣，对其主要元素进行化学分析，结果见表8-1和表8-2。

表8-1 高钨电炉锡渣（DS-7）光谱分析结果

元 素	Be	Al	Si	B	Sb	Mn	Mg	Pb	Sn	Fe
成分/%	0.003	>1	>10	0.001	—	0.1	≥1	0.02	1~10	>10
元 素	Cr	W	Ti	Ca	V	Cu	Cd	Zn	Ni	Zr
成分/%	0.003	1~5	0.01	1~10	0.003	0.01	0.01	0.3	0.003	0.003

表8-2 高钨电炉锡渣化学分析结果

编 号	化学成分/%									
	Sn	Fe	WO_3	SiO_2	CaO	MgO	Al_2O_3	As	S	K_2O
DS-1	5.95	15.00	7.18	23.99	12.4	2.42	14.42			
DS-2	13.52	23.00	5.71	19.95	5.80	1.03	12.37			
DS-3	7.51	20.25	6.16	22.95	6.38	1.80	12.85	0.30		
DS-4	7.87	23.80	8.32	21.4	6.50	2.81	12.21	0.30		
DS-5	5.22	15.00	6.77	22.45	9.51	2.70	14.10	0.15		
DS-6	6.48	22.00	11.4	24.21	4.77	4.60	12.53			
DS-7	10.45	19.70	8	20.54	8.62	2.05	12.09		1.4	0.74
DS-8	8.48	21.90	8.83	21.84	6.05	2.37	13.81			
DS-9	8.34	20.60	4.21	23.8	6.01	2.74	13.97			
DS-10	12.22	24.70	4.56	17.33	4.81	3.04	12.80			
DS-11		30.78	6.58	28.54	8.06		12.44			
DS-12		29.15		30.8	9.30		12.24			
DS-13		28.81	2	29.09	9.67		12.10			
DS-14		27.98	4	28.1	10.06		11.50			
DS-15		28.49	6	32.12	9.74		12.68			
DS-16		27.23		34.86	9.00		10.58			
DS-17		27.08		37.25	8.45		10.07			

注：DS-12~DS-14高钨电炉锡渣含钨量是添加白钨矿配制的。

8.1.4 钨对电炉锡渣熔化温度的影响

以炉渣开始软化时的温度作为炉渣的熔化温度。选取表8-2中的DS-8~DS-10和DS-11~DS-14高钨电炉锡渣，测定熔化温度，根据测试结果可绘出高钨电炉锡渣含钨量与熔化温度的关系曲线，如图8-1所示。

从图8-1中可看出，随含钨量的增加，高钨电炉锡渣熔化温度增高，但当含钨量增加到一定量后（WO_3含量大于6%），曲线变得平缓，对熔化温度的影响变小。

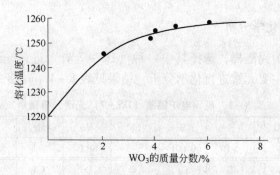

图 8-1　高钨电炉锡渣含钨量与熔化温度关系曲线

8.1.5　钨对电炉锡渣黏度的影响

表 8-3 是不同含钨量的高钨电炉锡渣在不同温度下测定的黏度值。图 8-2 所示为高钨电炉锡渣含钨量与黏度的关系曲线。

表 8-3　不同含钨量电炉锡渣黏度测定值

电炉锡渣编号	DS-11	DS-12	DS-13	DS-14	备　注
电炉锡渣含 WO_3/%		2	4	6	
黏度/Pa·s	1.35	2.97	4.94	5.22	测试温度 1280℃
		6.43	6.59	6.68	测试温度 1260℃

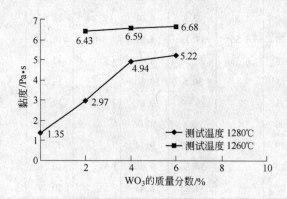

图 8-2　高钨电炉锡渣含钨量与黏度的关系曲线

从表 8-3 的数据及图 8-2 可以看出，含钨电炉锡渣较不含钨电炉锡渣黏度高，且随含钨量的增加，高钨电炉锡渣黏度增大；随测试温度的升高，高钨电炉锡渣黏度减小，故提高炉温有利于烟化作业的顺利进行。

8.1.6　硅对电炉锡渣熔化温度、黏度的影响

选取三种含硅量不同，其他造渣元素成分相近的高钨电炉锡渣，测定熔化温度及黏度，测试结果见表 8-4。图 8-3 所示为高钨电炉锡渣含硅量与黏度的关系曲线。

表 8 - 4　不同含硅量的高钨电炉锡渣熔化温度、黏度测定值

电炉锡渣编号	DS - 15	DS - 16	DS - 17	备　注
电炉锡渣含 SiO_2 量/%	32.12	34.86	37.25	
熔化温度/℃	1197	1189	1164	
黏度/Pa·s	1.63	1.82	2.85	测试温度 1245℃
	0.98	1.47	2.17	测试温度 1280℃

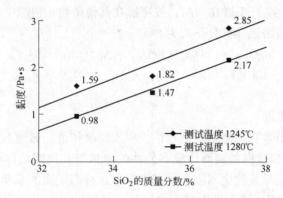

图 8 - 3　高钨电炉锡渣含硅量与黏度的关系曲线

从表 8 - 4 的测试结果及图 8 - 3 可以看出，随高钨电炉锡渣含 SiO_2 量的增加，熔化温度无明显变化，而黏度值则增大；随测试温度的升高，电炉锡渣黏度减小。

通过以上试验表明：

（1）随高钨电炉锡渣中含钨量的增加，高钨电炉锡渣熔化温度升高，黏度增大；随高钨电炉锡渣中含硅量的增加，熔化温度变化不大，但黏度却明显增大。

（2）高钨电炉锡渣熔化温度高于烟化炉的正常作业温度 1100 ~ 1200℃，须设法降低炉渣的熔化温度与黏度，才能保证正常的烟化吹炼。

（3）高钨电炉锡渣，其黏度随温度的升高而降低，故提高炉温有利于烟化作业的顺利进行。

8.1.7　高钨电炉锡渣 X 射线衍射分析

取 DS - 7 高钨电炉锡渣（化学分析结果见表 8 - 2），进行 X 射线衍射分析，查明高钨电炉锡渣中有如下物相：

金云母：$KMg_3(Si_3AlO_{10})F_2$；

白钨矿：$CaWO_4$；

钙铁橄榄石：$(Ca, Fe)_2SiO_4$；

紫苏辉石：$(Fe, Mg)SiO_3$；

β - 金属锡：$β - Sn$；

硫化锡矿：SnS。

8.1.8   高钨电炉锡渣显微镜鉴定及各相共存关系

为弄清高钨电炉锡渣中各物相的特性，对高钨电炉锡渣进行了显微镜鉴定，结果表明：

高钨电炉锡渣主要物相为含钾金云母矿物和铁橄榄石矿物，其次是白钨矿、尖晶石、硫化亚锡及残留玻璃相，该类高钨电炉锡渣属铁橄榄石型渣。分述如下：

8.1.8.1   金云母

在渣中呈微黄色、柱状、薄板状、片状结晶，板状长 $0.30 \sim 0.05$ mm，板宽 $0.02 \sim 0.005$ mm，与渣中铁橄榄石相嵌在一起，或穿插在其他矿物相裂隙中。

电子探针成分分析结果计算分子式为：

$$K_2O_{1.00} \cdot MgO_{4.92} \cdot CaO_{0.68} \cdot FeO_{0.26} \cdot Al_2O_{3\,1.11} \cdot SiO_{2\,5.69} \cdot F_{2\,1.86}$$

简化式 $K_1 \cdot (Mg \cdot Ca \cdot Fe)_{2.93} \cdot (Si_{2.85} \cdot Al_{1.11} \cdot O_{10}) \cdot F_{2\,0.93}$ 与 $KMg_3(Si_3AlO_{10})F_2$ 相同。

8.1.8.2   铁橄榄石

该渣中的铁橄榄石含有一定量的钙和镁，根据结晶构造，橄榄石中的硅氧四面体属孤立四面体 $(SiO_4)^{4-}$，即这样的四面体没有公共的角顶与其他四面体相连接，而是相互隔离的，它们彼此间是依靠其他金属阳离子来维系，这种离子团的总负电荷等于 4，即构成 $[Fe \cdot Ca]_2SiO_4$ 结构。因而渣中铁橄榄石中的钙、镁等阳离子以类质同象取代部分铁进入铁橄榄石中。

铁橄榄石呈淡黄绿色，不规则形状及粒状集合体出现。结晶粒度 $0.20 \sim 0.01$ mm。电子探针成分分析结果计算分子式为：

$$FeO_{1.30} \cdot SnO_{0.1} \cdot CaO_{0.49} \cdot MgO_{0.07} \cdot Al_2O_{3\,0.07} \cdot SiO_{2\,1.00}$$

简化式：

$$(Fe \cdot Sn \cdot Ca \cdot Mg)O_{1.96} \cdot (Al \cdot Si)O_{2\,1.07}$$

8.1.8.3   白钨矿

渣中白钨矿呈树枝状、羽毛状、细粒状、少量八面体粒状出现，无色至浅黄色，由于炉渣中黏度影响，使白钨矿结晶较差，粒度细小，一般小于 0.02 mm。

电子探针成分分析结果计算分子式为：

$$CaO_{0.94} \cdot FeO_{0.10} \cdot SnO_{0.08} \cdot WO_{3\,1.00}$$

简化式：

$$(Ca \cdot Fe \cdot Sn)O_{1.12} \cdot WO_{3\,1.00}$$

8.1.8.4   铁尖晶石

呈自形、半自形晶或圆粒状，切面为八面体。结晶粒度 $0.005 \sim 0.02$ mm。铁尖晶石结晶稍早于铁橄榄石。炉渣体系中的 Al_2O_3 与大量存在的 FeO 和少量的 TiO_2 结合生成铁尖晶石，渣中的 FeO 是造渣过程中最活跃、含量最高的组分，它自始至终参与各种矿物相的生成，最早进入尖晶石、磁铁矿、然后进入橄榄石中，余下的进入玻璃相。

电子探针成分分析结果计算分子式为：

$$(FeO_{0.67} \cdot Mg_{0.19} \cdot Zn_{0.10} \cdot Ca_{0.09} \cdot Sn_{0.01})_{1.06} \cdot Al_2O_{3\,1.00}$$

8.1.8.5   硫化亚锡

硫化亚锡是高钨电炉锡渣中锡的主要存在形态，呈粒状、粒状集合体分布在渣中，最大粒度 0.2mm，一般在 0.05~0.01mm 之间。

电子探针成分分析结果计算分子式为：$Sn_{0.95} \cdot Fe_{0.06} \cdot S_{1.00}$

简化式：

$$(Sn \cdot Fe)_{1.01} \cdot S_{1.00}$$

8.1.8.6 硫化亚铁

呈粒状与硫化亚锡结合在一起，结晶粒度 0.00~0.05mm。

电子探针成分分析结果计算分子式为：$Fe_{1.00} \cdot S_{1.10}$。

图 8-4、图 8-5 所示为高钨电炉锡渣中各结晶相形貌图。高钨电炉锡渣 DS-7 中各物相相对百分含量见表 8-5。部分高钨电炉锡渣的物相分析见表 8-6~表 8-8。

从测定结果看出：渣中造渣元素所形成的渣相占 72.5%，属铁橄榄型炉渣。

图 8-4 高钨电炉锡渣中各结晶相形貌图　　　图 8-5 高钨电炉锡渣中各结晶相形貌图

1—金云母；2—铁橄榄石；3—树枝状白钨矿；　　　1—金云母；2—铁橄榄石；3—白钨矿；

4—尖晶石；5—硫化物　　　　　　　　　　　4—尖晶石；5—硫化锡；6—硫化铁

（透光，正交偏光，放大 200 倍）　　　　　　　（反光，放大 200 倍）

表 8-5 高钨电炉锡渣中各物相相对百分含量

物相名称	金云母	铁橄榄石	铁尖晶石	白钨矿
含量/%	10.80	43.54	6.38	11.78
物相名称	硫化亚锡	金属锡	硫化亚铁	玻璃相及其他
含量/%	6.40	2.34	0.86	17.90

表 8-6 DS-1 高钨电炉锡渣铁物相分析结果

项　目	物　相　名　称					
	金属铁 Fe	游离铁 含 Fe	硅酸盐 含 Fe	磁性氧化铁 含 Fe	赤褐铁矿 含 Fe	TFe
DS-1 含量/%	0.65	1.65	5.50	0.7	6.36	14.90
分配率/%	4.36	11.07	36.92	4.97	42.68	100

表 8 - 7   高钨电炉锡渣钨物相分析结果

项 目	钨 物 相 组 成				
	钨酸钙 WO$_3$	氧化钨 WO$_3$	金属钨 WO$_3$	其他钨 WO$_3$	TWO$_3$
DS - 6 含量/%	11.28	0.10	0.037	0.067	11.48
分配率/%	98.22	0.88	0.32	0.58	100
DS - 7 含量/%	8.57	0.23	0.09	0.06	8.95
分配率/%	95.75	2.57	1.01	0.67	100

表 8 - 8   高钨电炉锡渣锡物相分析结果

项 目	锡 物 相 组 成			
	金属锡 Sn	SnO + 硅酸盐含 Sn	SnO$_2$ 中含 Sn	TSn
DS - 6 含量/%	0.77	2.12	3.59	6.48
分配率/%	11.88	32.72	55.40	100

8.1.9 高钨电炉锡渣电子探针分析

为进一步查清各造渣元素在各结晶相中分布，进行电子探针分析，查明了高钨电炉锡渣中的主要物相为：金云母矿物、白钨矿、硫化亚锡和铁尖晶石及铁橄榄石。锡部分分布在硫化亚锡中，部分分布在铁橄榄石中，这部分锡，可能是以亚锡状态存在；钙主要分布在铁橄榄石和白钨矿中；铁主要分布在铁橄榄石和铁尖晶石中；钨基本上分布在白钨矿中；铝主要分布在铁尖晶石和玻璃相中；硫化亚锡呈球粒状，中间有孔洞，属部分锡挥发后留下；渣中硫主要分布在硫化亚锡中，少量分布在硫化亚铁相中；锡集中分布在硫化亚锡中，部分分散在铁橄榄石中。

再用电子探针对渣中各相作定点成分定量分析，其结果见表 8 - 9。

表 8 - 9   高钨电炉锡渣各结晶相电子探针定量分析结果

名 称	元素含量/%							
	FeO	WO$_3$	Sn	CaO	MgO	Al$_2$O$_3$	SiO$_2$	S
金云母	2.17			4.33	22.65	12.94	39.06	
硫化亚锡	2.12 *		76.14					21.7
金属锡	4.27 *		95.73					
硫化亚铁	61.2 *							38.6
白钨矿	2.45	79.1	0.35 #	18.08				
铁尖晶石	25.92		0.80 #	2.70	4.15	61.96		
铁橄榄石	45.45		6.40 #	13.27	1.45	3.48	29.95	
玻璃相等	12.27			1.25		18.29	32.25	

注：1. " * " 为 Me%，" # " 为 MeO%；

2. 金云母中含：F 8.1%，K$_2$O 10.8%。

8.1.10 高钨电炉锡渣中主元素在各相中的分配计算

　　根据显微镜定量测定物相含量结果和电子探针对各相元素定量分析结果，计算高钨电炉锡渣中元素分配，计算结果见表 8 - 10。

表 8 - 10　高钨电炉锡渣主元素在各结晶相中的分配计算表

矿物名称	矿物含量 /%	FeO			Sn			WO₃		
		品位/%	含量/%	分配率/%	品位/%	含量/%	分配率/%	品位/%	含量/%	分配率/%
金云母	10.8	2.17	0.23	0.92						
硫化亚锡	6.40	2.12 *	0.14	0.56	76.14	4.87	48.75			
金属锡	2.34	4.27 *	0.10	0.40	95.73	2.24	22.42			
硫化亚铁	0.86	61.2 *	0.53	2.13						
白钨矿	11.78	2.45	0.29	1.16	0.35 #	0.04	0.40	79.1	9.32	100
铁尖晶石	6.38	25.92	1.65	6.62	0.80 #	0.05	0.50			
铁橄榄石	43.54	45.45	19.79	79.38	6.40 #	2.79	27.93			
玻璃相等	17.90	12.27	2.20	8.83						
合　计	100		24.93	100		9.99	100		9.32	100

矿物名称	CaO			MgO			Al₂O₃		
	品位/%	含量/%	分配率/%	品位/%	含量/%	分配率/%	品位/%	含量/%	分配率/%
金云母	4.33	0.47	5.36	22.65	2.45	73.36	12.94	1.4	13.81
硫化亚锡									
金属锡									
硫化亚铁									
白钨矿	18.08	2.13	24.29						
铁尖晶石	2.70	0.17	1.94	4.15	0.26	7.78	61.96	3.95	38.95
铁橄榄石	13.27	5.78	65.91	1.45	0.63	18.86	3.48	1.52	14.99
玻璃相等	1.25	0.22	2.50				18.29	3.27	32.25
合　计		8.77	100		3.34	100		10.14	100

矿物名称	SiO₂			S			备　注
	品位/%	含量/%	分配率/%	品位/%	含量/%	分配率/%	
金云母	39.06	4.22	20.37				
硫化亚锡				21.74	1.39	80.81	金云母中：K₂O 含量
金属锡							为 10.77%，F₂ 8.08%；
硫化亚铁				38.60	0.33	19.19	铁尖晶石中还含
白钨矿							4.47% 的 ZnO
铁尖晶石							
铁橄榄石	29.95	13.04	62.93				
玻璃相等	19.32	3.46	16.70				
合　计		20.72	100		1.72	100	

　　注："*" 为 Me%，"#" 为 MeO%。

计算结果表明:

(1) 渣中铁主要以氧化亚铁的形式与氧化钙和氧化镁与二氧化硅生成铁橄榄石,占铁总量的 79.38%,少量进入金属及硫化物相中,还有少部分分配在铁尖晶石和玻璃相中;

(2) 渣中锡主要以硫化亚锡状态存在,占锡总量的 48.75%,其次为金属锡,占22.42%,此外以氧化锡存在状态进入铁橄榄石中,占 27.93%;

(3) 渣中 WO_3 基本上与氧化钙生成白钨矿;

(4) 渣中氧化钙主要进入铁橄榄石中,部分分配在金云母和白钨矿中;

(5) 渣中氧化镁主要进入金云母矿物中,占 73.36%,剩余部分进入铁尖晶石和铁橄榄石;

(6) 渣中氧化铝,部分生成铁尖晶石,部分生成金云母,少量进入铁橄榄石和残留在玻璃相中;

(7) 渣中二氧化硅主要与氧化亚铁生成橄榄石,占 62.93%,部分生成金云母矿物和进入玻璃相;

(8) 渣中 K_2O、F 基本上含在金云母矿中。

通过以上研究,可归纳出高钨电炉锡渣物性:高钨电炉锡渣,由于高钨的存在,使炉渣的熔化温度、黏度值较高,且随含钨量的增加而增大;含硅量的增加,对炉渣的熔化温度影响不大,但黏度却明显增大,随温度的升高,炉渣的黏度降低;高钨电炉锡渣属铁橄榄石型渣,主要物相为含钾金云母矿物和铁橄榄石矿物,其次是白钨矿、尖晶石、硫化亚锡及残留玻璃相,WO_3 基本上与氧化钙形成白钨矿,二氧化硅主要与氧化亚铁生成铁橄榄石,部分生成金云母矿物和进入玻璃相。

8.2　高钨电炉锡渣液态烟化小型试验

为了能在工业上采用熔池熔炼—连续烟化法顺利处理高钨电炉锡渣,针对高钨电炉锡渣的特性和烟化炉的作业条件,进行液态烟化小型试验,以便根据小试确定的工艺条件,进行工业试验和指导工业生产。

8.2.1　试验理论依据

8.2.1.1　渣型选择

液态烟化作业,要求炉渣熔点较低 1100~1200℃,黏度较小(小于 1Pa·s 或更低),流动性良好,熔融时不发泡,硅酸度在 1.0~1.2 之间。

使炉渣流动性恶化的原因通常是 SiO_2 含量过高或有尖晶石类的结晶体析出,根据炉渣离子理论,渣中 SiO_2 呈复杂的硅氧阴离子存在,随 SiO_2 含量的增加,其存在形式从简单的阴离子逐渐过渡到连续链状、立体网状等结构、熔渣黏度随阴离子尺寸增大而增大,加入碱性物质如 FeO、CaO 等,能破坏硅氧阴离子链,使熔渣黏度下降。

一般说来,常见造渣氧化物的熔点都很高,见表 7-2。但是若把各氧化物按适当比例混合则可得到熔点较低的炉渣。

$FeO-SiO_2$ 二元系状态图如图 7-1 所示。从该二元系状态图中可看出,FeO 与 SiO_2

能结合生成一个稳定的化合物 $2FeO \cdot SiO_2$（铁橄榄石），故相图能分成两个二元系：$2FeO \cdot SiO_2 - SiO_2$ 二元系和 $2FeO \cdot SiO_2 - FeO$ 二元系。在 $2FeO \cdot SiO_2 - SiO_2$ 二元系中有一个低熔点共晶（1178℃），并存在液相分层区和偏晶反应；$2FeO \cdot SiO_2 - FeO$ 二元系为简单共晶（1177℃）二元系。$2FeO \cdot SiO_2$ 的熔点为1205℃，其液相线平滑，熔化后易分解，此外 FeO、SiO_2 之间还可生成 $FeO \cdot SiO_2$，但它易分解为 $2(FeO \cdot SiO_2) = 2FeO \cdot SiO_2 + SiO_2$，因而未出现在状态图中。选择渣型时，应充分考虑加入的熔剂量，使造渣成分中 FeO、SiO_2 的含量能满足形成 $2FeO \cdot SiO_2$ 的条件，从而降低炉渣的熔点，改善其流动性。

冶炼中常见的 $FeO - CaO - SiO_2$ 三元系炉渣状态图如图7-2（a）所示，从该状态图中可以看出，CaO 的初晶区和 SiO_2 的初晶区的熔点都很高，只有在状态图的中部并且靠近 $2FeO \cdot SiO_2$ 的一个四边形区域内组成的炉渣熔点较低（在1300℃以下），炼锡炉渣的成分范围宜控制在此区域内，如图7-2（b）所示。例如，若要求炉渣熔点低于1150℃，则炉渣组成范围为：SiO_2 32%~46%，FeO 35%~55%，CaO 5%~20%。

为保证液态烟化作业能顺利进行，还要求炉渣的黏度一定要低（小于 $1Pa \cdot s$ 或更低），一般认为，碱性渣比酸性渣黏度更小。根据炉渣结构理论可知，黏度主要决定于庞大的且难活动的质点，尤其是复合阴离子。在炉渣组成一定的条件下，炉渣中复合阴离子的尺寸与温度有很大的关系，温度升高将导致炉渣黏度降低。$FeO - SiO_2 - CaO$ 三元系炉渣在不同温度下的等黏度曲线图如图7-5所示。当炉渣的组成确定后，可从图中查出相应的黏度范围或根据等黏度曲线图，在配料计算时选择黏度低的炉渣组成。

$FeO - CaO - SiO_2$ 三元系炉渣实际上是一个硅酸盐体系。图8-6所示为硅酸盐的标准生成自由焓与温度的关系。

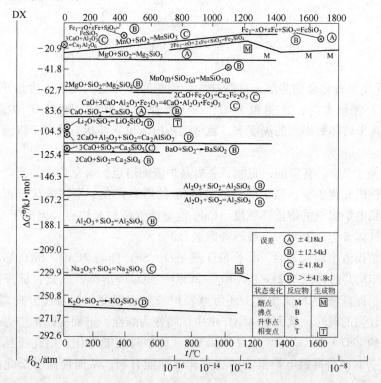

图8-6　硅酸盐的标准生成自由焓

CaO 与 SiO$_2$ 能结合生成硅酸钙系化合物，并且从图 8 - 7 中可以看出，Ca$_2$SiO$_4$ 的生成自由焓的负值远大于 Fe$_2$SiO$_4$ 的生成自由焓的负值，因此，CaO 的存在对炉渣中 FeO 的活度有重要影响。对于高硅炉渣，CaO 降低熔体黏度的作用尤为明显，但由于它还将提高液态炉渣的熔化温度，故可调节范围有限。

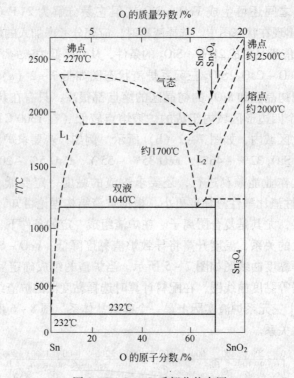

图 8 - 7　Sn - O 系部分状态图

Al$_2$O$_3$ 能促使多种化合物溶解于硅酸盐中，使炉渣成分更为均匀。含量小于 13% 时，无不良影响，若含量太高，它能和 MgO、ZnO 结合为尖晶石，MgAl$_2$O$_4$ 尖晶石熔点为 2135℃，在远高于熔体凝固点的温度下，就结晶析出，呈悬浮状态分布于熔渣中，使炉渣黏度增高。

WO$_3$ 含量高于 2% 是有害的，它能显著提高炉渣的熔点，恶化炉渣的流动性。从高钨电炉锡渣的特性研究也表明，渣中的钨以 CaWO$_4$ 的形态存在，呈弥散状分布在渣中，明显地提高了高钨电炉锡渣的熔点和黏度。CaF$_2$ 能显著降低炉渣熔点，但由于 CaF$_2$ 与 SiO$_2$ 作用生成有害气体 SiF$_4$，因此，一般不考虑加 CaF$_2$。

在高钨电炉锡渣中加入 FeO，由于 FeO 或 FeO·SiO$_2$ 能与 2CaO·SiO$_2$ 形成低熔点的 FeO -2CaO·SiO$_2$ 共晶体以及 2FeO·SiO$_2$ -2CaO·SiO$_2$ 固溶体，因此，能降低炉渣的熔化温度。另外，提高渣中 FeO 含量，还可减轻炉渣发泡程度，但若过分提高 FeO 含量，则将使炉渣呈较强的碱性，从而使 Al$_2$O$_3$ 由中性转变为酸性，进而提高炉渣黏度，并且可能形成高熔点的 FeO·Al$_2$O$_3$（熔点为 1780℃），使炉渣性能恶化。由此可见，适当提高渣中 FeO 含量，对改善高钨电炉锡渣的物理化学性能有利，从而使液态烟化法处理高钨电炉锡渣成为可能。

根据以上分析，试验中确定采用 $FeO - CaO - SiO_2$ 三元系炉渣，并且在配料计算时，考虑适当提高渣中 FeO 含量。作为 FeO 的来源，选择使用价格便宜且含铁较高的黄铁矿烧渣（Fe：50%左右）。

8.2.1.2 烟化法硫化挥发基本原理

硫化挥发法是目前国内外处理锡中矿、贫锡精矿和锡炉渣最有效、最先进的技术。它利用了锡化合物的挥发性能与炉料中其他组元挥发性能的差别而达到分离和富集的目的。

锡炉渣和其他含锡物料中，锡可能存在的形态为：锡的氧化物（SnO_2、SnO）、锡的硫化物（SnS）和金属锡（Sn）。锡和二氧化锡的沸点都很高，分别为2623℃和2500℃，在烟化作业温度1100~1200℃条件下，其饱和蒸气压很小，因此，在挥发过程中，锡和二氧化锡的挥发甚微。而氧化亚锡和硫化亚锡的沸点较低，在上述作业温度下其饱和蒸气压较大，它们在锡的挥发过程中起着重要的作用。

在锡炉渣烟化过程中，通过喷嘴向熔池鼓入空气和粉煤，使其燃烧发热以维持熔池温度和具有适当的还原气氛，促使锡、铁等高价氧化物还原为低价氧化物。烟化法硫化挥发基本原理如下：氧化亚锡和硫化亚锡皆具有较大的蒸气压力，在液态炉渣中吹入粉煤、空气混合物和硫化剂并强烈搅拌下发生化学作用，锡生成硫化亚锡挥发，部分锡生成氧化亚锡挥发，二者都为炉气中 O_2 氧化为 SnO_2，最后皆以 SnO_2 烟尘形式收集。

A 氧化亚锡的挥发性能

图 8-7 所示为 $Sn - O$ 系部分状态图，从图中可看出，锡和氧可以形成 SnO、Sn_3O_4 和 SnO_2 等化合物。其中：SnO_2 是稳定的化合物，熔点约为2000℃，沸点为2500℃；Sn_3O_4 是不稳定的包晶化合物，低温下稳定，约在1100℃以上分解为 $SnO_{(1)}$ 和 $SnO_{2(s)}$；SnO 是一个不稳定的化合物，据研究，$SnO_{(s)}$ 在温度383℃时稳定，在383~1100℃范围内不稳定，而 $SnO_{(g)}$ 稳定，在高于1100℃时，$SnO_{(1)}$、$SnO_{(g)}$ 稳定存在。

$Sn - O$ 系中氧化亚锡挥发能力的大小，决定于氧化亚锡在熔体中饱和蒸气压的大小：

$$P_{(SnO)} = P_{(SnO)}^{\ominus} \cdot \alpha_{(SnO)}$$

式中，$P_{(SnO)}^{\ominus}$、$\alpha_{(SnO)}$ 分别为纯氧化亚锡的饱和蒸气压和氧化亚锡在熔体中的活度。可见，氧化亚锡挥发能力的大小取决于熔体的温度和氧化亚锡的活度。

纯氧化亚锡的熔点为1040℃，沸点为1425℃，据 R·科林等采用质谱测定法测定，发现氧化亚锡的蒸气中存在着多分子聚合物 $(SnO)_x$，其中 $x = 1 \sim 4$，在一定条件下各聚合物有其对应的平衡蒸气压，并且含量大致相等，氧化亚锡（SnO）总的饱和蒸气压为：

$$P_{(SnO)}^{\ominus} = P_{(SnO)} + 2P_{(SnO)_2} + 3P_{(SnO)_3} + 4P_{(SnO)_4}$$

氧化亚锡蒸气压与温度的关系常用下式计算：

$$\lg P_{(SnO)}^{\ominus} = -13160/T + 10.775$$

根据上式计算出的氧化亚锡在高温下蒸气压的近似值如下：

温度/℃	800	900	1000	1100	1200	1300
$P_{SnO}^{\ominus}$/mmHg	1.6	11.0	55.5	220.4	725.9	2054.7

其蒸气压与温度的变化关系曲线如图 8-8。

B 硫化亚锡的挥发性能

图 8-9 所示为 $Sn - S$ 系部分状态图，从图中可看出，$Sn - S$ 系中有两个稳定的化合物 SnS 和 SnS_2，一个不稳定的包晶化合物 Sn_2S_3。锡的硫化物与其他硫化物和氧化物一样，

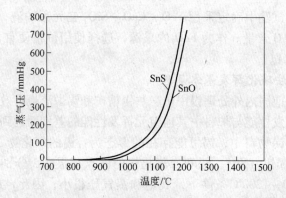

图 8-8　硫化亚锡与氧化亚锡的蒸气压与温度的关系曲线

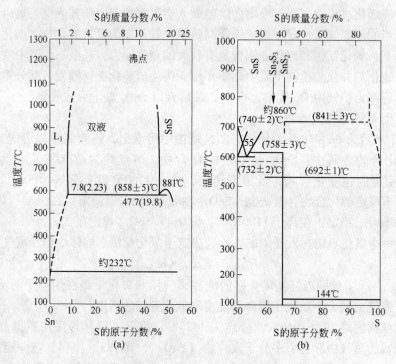

图 8-9　Sn-S 系部分状态图

高温时高价硫化物不稳定,将逐级分解为稳定的低价硫化亚锡。

Sn-S 系中,硫化亚锡的挥发能力,不仅与温度有关,而且与渣中硫化亚锡的活度有关,其饱和蒸气压按下式计算:

$$P_{(SnS)} = P_{(SnS)}^{\ominus} \alpha_{(SnS)}$$

式中,$P_{(SnS)}^{\ominus}$、$\alpha_{(SnS)}$ 分别为纯硫化亚锡的饱和蒸气压和其在熔体中的活度。

根据熔体中的反应:

$$[Sn] + \frac{1}{2}S_2 \rightleftharpoons (SnS)$$

$$\Delta G_a^{\ominus} = -139846 + 64.8T \text{ J/mol}$$

可计算出反应的标准自由焓 $\Delta G_a^{\ominus}$ 和硫化亚锡的标准分解压 $P_{S_2(SnS)}^{\ominus}$，见表 8 – 11。从表中数据可见，渣中硫化亚锡的标准分解压随温度升高而增大。

表 8 – 11 渣中硫化亚锡的标准生成自由焓和标准分解压

温度 T/K	1000	1100	1200	1300	1400	1500
$\Delta G_a^{\ominus}$/J·mol^{-1}	−78986	−69810	−62045	−55446	−48848	−43924
$P_{S_2(SnS)}^{\ominus}$/Pa	5.7×10^{-4}	2.4×10^{-2}	0.4	3.6	23.2	116.3

硫化亚锡的熔点为 880℃，沸点为 1230℃，其蒸气压与温度的关系可用下式计算：

$$\lg P_{(SnS)}^{\ominus} = -10099/T + 11.822$$

实验测定的蒸气压与温度的关系如下：

温度/℃	1000	1100	1200
$P_{(SnS)}^{\ominus}$/mmHg	58	229	760

其蒸气压与温度的变化关系曲线如图 8 – 9 所示。

由上述计算和图 8 – 9 中可知，硫化亚锡的蒸气压力很大，一旦生成即能强烈挥发，在烟化炉作业温度 1100～1200℃下，挥发已很剧烈。高温下，氧化亚锡的蒸气压力也很大，部分的锡生成氧化亚锡挥发也是完全可能的。但氧化亚锡的蒸气压力比硫化亚锡稍小，在熔渣中的溶解度较硫化亚锡大，所以，锡以硫化亚锡形态挥发更为有利。

C 锡的硫化挥发反应

工业上常加入黄铁矿作为硫化剂，高温下黄铁矿分解为 FeS 和 S_2，二者均能硫化渣中的 Sn、SnO，使氧化亚锡转变为硫化亚锡挥发。至于二氧化锡，在烟化炉作业温度下，与硫或硫化亚铁反应的标准自由焓变化为正值，反应难以进行。

黄铁矿受热时发生的热离解反应为：

$$FeS_{2(s)} = FeS_{(s)} + \frac{1}{2}S_2 \qquad (8-1)$$

$$\Delta G^{\ominus} = 182004 - 187.65T \text{ J/mol} \qquad (903～1033K)$$

$$FeS_{(s)} = Fe_{(s)} + \frac{1}{2}S_2 \qquad (8-2)$$

$$\Delta G^{\ominus} = 125078 - 37.54T \text{ J/mol} \qquad (598～1468K)$$

它们的标准分解压见表 8 – 12。

表 8 – 12 FeS$_2$ 和 FeS 的标准分解压

温度 T/K	903	970	1000	1033
$P_{S_2 \cdot FeS_2}^{\ominus}$/Pa	$10^{3.48}$	$10^{5.00}$	$10^{6.00}$	$10^{6.20}$
$P_{S_2 \cdot FeS}^{\ominus}$/Pa	$10^{-6.96}$	$10^{-5.69}$	$10^{-5.17}$	$10^{-4.69}$
温度 T/K	1100	1200	1300	1400
$P_{S_2 \cdot FeS_2}^{\ominus}$/Pa				
$P_{S_2 \cdot FeS}^{\ominus}$/Pa	$10^{-3.60}$	$10^{-2.44}$	$10^{-1.39}$	$10^{-0.59}$

凡是其分解压比硫化亚锡分解压大的硫化物均能使锡硫化，这种硫化物称为锡的硫化剂。从表 8 – 12 中的数据可以看出，在相同的温度条件下，FeS$_2$ 的标准分解压比表 8 – 11

中硫化亚锡的标准分解压大得多，故 FeS_2 是锡的较强硫化剂；FeS 的标准分解压较小，是锡的较弱的硫化剂。

在熔池内，锡硫化过程的主要反应如下：

$$C_{(s)} + O_2 == CO_2 \qquad (8-3)$$
$$\Delta G^\ominus = -395350 - 0.544T \text{ J/mol}$$

$$C_{(s)} + 1/2O_2 == CO \qquad (8-4)$$
$$\Delta G^\ominus = -114390 - 85.77T \text{ J/mol}$$

$$C_{(s)} + CO_2 == 2CO \qquad (8-5)$$
$$\Delta G^\ominus = 166570 - 171.004T \text{ J/mol}$$

$$CO + \frac{1}{2}O_2 == CO_2 \qquad (8-6)$$
$$\Delta G^\ominus = -280960 + 85.23T \text{ J/mol}$$

$$FeS_{2(s)} == (FeS) + \frac{1}{2}S_2 \qquad (8-7)$$
$$\Delta G_a^\ominus = 214342 - 209.69T \text{ J/mol}$$

$$(FeS) + \frac{3}{2}O_2 == (FeO) + SO_2 \qquad (8-8)$$
$$\Delta G^\ominus = -505804 + 102.52T \text{ J/mol}$$

$$\frac{1}{2}S_2 + O_2 == SO_2 \qquad (8-9)$$
$$\Delta G_a^\ominus = -366160 + 72.68T \text{ J/mol}$$

$$[Sn] + \frac{1}{2}S_2 == SnS_{(g)} \qquad (8-10)$$
$$\Delta G_a^\ominus = 25941 - 49.37T \text{ J/mol}$$

$$2(SnO) + \frac{3}{2}S_2 == 2SnS_{(g)} + SO_2 \qquad (8-11)$$
$$\Delta G_a^\ominus = -224622 - 204.94T \text{ J/mol}$$

$$(SnO_2) + S_2 == SnS_{(g)} + SO_2 \qquad (8-12)$$
$$\Delta G_a^\ominus = -180951 - 146.51T \text{ J/mol}$$

$$[Sn] + (FeS) + \frac{1}{2}O_2 == (FeO) + SnS_{(g)} \qquad (8-13)$$
$$\Delta G_a^\ominus = -113703 - 19.53T \text{ J/mol}$$

$$(SnO) + (FeS) == (FeO) + SnS_{(g)} \qquad (8-14)$$
$$\Delta G_a^\ominus = 155747 - 108.97T \text{ J/mol}$$

$$3(SnO_2) + 4(FeS) == 4(FeO) + 3SnS_{(g)} + SO_2 \qquad (8-15)$$
$$\Delta G^\ominus = 716597 - 465.53T \text{ J/mol}$$

$$[Sn] + SO_2 + 2CO == SnS_{(g)} + 2CO_2 \qquad (8-16)$$
$$\Delta G^\ominus = -169819 + 48.40T \text{ J/mol}$$

$$(SnO) + SO_2 + 3CO == SnS_{(g)} + 3CO_2 \qquad (8-17)$$
$$\Delta G_a^\ominus = -181329 + 44.188T \text{ J/mol}$$

$$(SnO_2) + SO_2 + 4CO \Longrightarrow SnS_{(g)} + 4CO_2 \tag{8-18}$$

$$\Delta G_a^\ominus = -210569 + 49.034T \ \text{J/mol}$$

$$SnS_{(g)} + 2O_2 \Longrightarrow SnO_{2(s)} + SO_2 \tag{8-19}$$

$$\Delta G_a^\ominus = -962671 + 329.42T \ \text{J/mol}$$

$$SnO + FeS \Longrightarrow FeO + SnS \tag{8-20}$$

$$\Delta G^\ominus = 50910 - 35.05T \ \text{J/mol}$$

$$2SnO + \frac{3}{2}S_2 \Longrightarrow 2SnS + SO_2 \tag{8-21}$$

$$\Delta G^\ominus = 67630 - 57.81T \ \text{J/mol}$$

$$Sn + \frac{1}{2}S_2 \Longrightarrow SnS \tag{8-22}$$

$$\Delta G^\ominus = 7800 - 11.54T \ \text{J/mol}$$

根据热力学计算,上述诸反应在标准状态下,在一般冶炼温度下都能自发向右进行。部分反应的标准自由焓变化与温度的关系见表 8-13。

表 8-13 锡硫化熔炼部分反应的自由焓变化

反 应 式	温度/℃				
	900	1000	1100	1200	1300
反应式 (8-20) 的自由焓/J·mol⁻¹	40947	26296	11645	-3005	-17652
反应式 (8-21) 的自由焓/J·mol⁻¹	757	-24921	-49086	-73250	-97415
反应式 (8-22) 的自由焓/J·mol⁻¹	-23976	-28800	-33624	-38448	-43273

由反应式可知,锡石必须还原为 SnO,才有利于进行硫化反应,反之,要提高反应速度,必须保持还原气氛和炉渣中 SnO 活度为最大,SnO 活度与气相成分和氧势有关,经计算,SnO 的活度为最大时,气相成分和氧势值见表 8-14。

表 8-14 气相成分和氧势值

温度/℃	氧势 ($\lg P_{O_2}$)	$\lg K_p$	CO_2/CO	相当于实际体积分数	
				CO_2/%	CO/%
1100	-11.16	0.630	4.27	18.40	4.30
1150	-10.38	0.646	4.43	18.43	4.16
1200	-9.65	0.658	4.55	18.52	4.07
1250	-8.97	0.669	4.67	18.60	3.98
1300	-8.33	0.679	4.79	18.70	3.90
1350	-7.33	0.689	4.89	18.76	3.84

图 8-10 和图 8-11 所示为 Floyd 编制的 1200℃ 下 Sn-O-S 系和 Fe-O-S 系的状态图,从中可看出各相稳定存在所需的硫势和氧势,SnO_2 形成氧势比 Fe_3O_4 低,高锡炉渣和低锡炉渣中 SnO 和 SnS 稳定存在的硫势和氧势范围比纯组分宽,如何根据氧势、硫势图选择操作点等,值得进一步探讨,并在操作时应用。

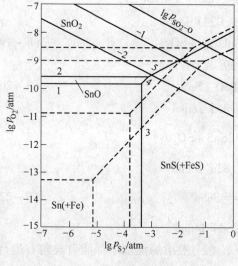

图 8 – 10　Sn – O – S 状态图（1200℃）

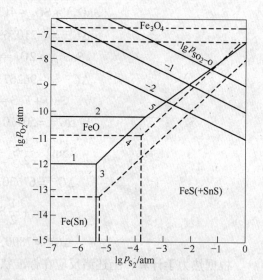

图 8 – 11　Fe – O – S 状态图（1200℃）

8.2.2　试验方法和设备

　　炉渣流动性定性考查方法：把按要求配好的均匀混合物料装入 5 号石墨坩埚内，并将坩埚置于维持在 1160℃的井式坩埚电炉中，从炉口观察炉料的熔化情况。当炉料熔化完毕后，保温停留 10min，迅速取出坩埚，倾倒出炉渣熔体，观察其流动性，不易粘坩埚者认为是流动性好的炉渣，反之则是流动性差的炉渣。

　　所用井式坩埚电阻炉功率 12kV·A，最高温度可达 1300℃。

　　炉渣熔点测定方法：采用卧式硅碳管电炉测定炉渣熔点。将预先磨制至 –200 目的高钨电炉锡渣、烧渣以及焦粉按配比要求称量、混匀，然后用 XQ – 5 型嵌样机，以 100kg/cm² 的压力，压制成圆柱形渣团，渣团直径为 15mm，高为 25mm，质量为 6g，将渣团置于 15mm×20mm×30mm 的瓷舟中，然后把瓷舟小心地推至刚玉炉管的恒温段，以较低的升温速度升温，并随时观察渣团变化情况，当炉内温度接近估计的炉渣熔点时，再降低升温速度至 3℃/min，将渣团上半部逐渐缩小直至消失时的温度认为是该炉渣的熔点。待渣冷却后，取样、制样、分析其化学成分。

8.2.3　小型试验内容、结果和讨论

　　小型试验中采用的高钨电炉锡渣编号为 DS – 1，其化学成分见表 8 – 2，铁物相分析见表 8 – 6，试验中所用黄铁矿烧渣及焦炭的化学成分见表 8 – 15 和表 8 – 16。

表 8 – 15　黄铁矿烧渣化学成分

名　称	化学成分/%				
	TFe	CaO	SiO₂	MgO	S
烧渣 – 1 号	49. 12	8. 19	8. 55		1. 58
烧渣 – 2 号	51. 82	6. 91	9. 04	1. 14	

表 8-16   焦炭化学成分

固定碳/%	灰分/%	S/%	灰分组成/%				
			SiO$_2$	Fe	CaO	Mg	Al$_2$O$_3$
69.51	27.03	0.13	52.28	3.72	4.07	1.08	27.38

8.2.3.1 炉渣流动性

表 8-17 是考察炉渣流动性的小试内容及结果。表中熔化时间指固体炉料完全熔化所需的时间，由表 8-17 可见，在 1160℃下，不配烧渣的 XS-1 渣样流动性差；配入 20% 和 40% 的烧渣后（XS-2 炉渣和 XS-3 炉渣），流动性得到改善；再增加烧渣配入量至 60% 时（XS-4 炉渣），则流动性略有下降。由表 8-17 中还可见，萤石的加入可以显著改善炉渣的流动性，但由于萤石价格昂贵，且 CaF$_2$ 会与 SiO$_2$ 作用生成有害气体，故生产中一般不予采用。

表 8-17   炉渣流动性

编　号	配料/g				熔化时间 /min	流动性 （好、中、差）
	DS-1 电炉锡渣	烧渣-1 号	焦粉	萤石		
XS-1	100					差
XS-2	100	20	1.0		8	好
XS-3	100	40	1.2		8	好
XS-4	100	60	1.5		8	中
XS-5	200			8	10	较好
XS-6	200			12	10	较好
XS-7	200			16	10	较好

8.2.3.2 炉渣熔点测定

试验内容及结果列于表 8-18。

表 8-18   炉渣熔点测定内容及结果

编　号	DS-1 高钨电炉锡渣：烧渣-1 号：焦粉 （质量百分比）	熔点/℃	试验次数
XS-8	100：0：0	>1200	1
XS-9	100：0：2.5	1110	1
XS-10	100：20：1.0	1015	2
XS-11	100：30：1.2	995	2
XS-12	100：60：1.5	1040	2

试验结果表明：

（1）高钨电炉锡渣不加入烧渣及焦粉时，1200℃时仍未熔化；

（2）加入 2.5% 的焦粉时，高钨电炉锡渣在 1110℃时即可熔化，但熔化速度慢，且明显发泡，呈稀粥状；

（3）当加入 20% 的烧渣时，炉渣在 1015℃时完全熔化且不发泡；

（4）加入 30% 的烧渣，熔点最低，为 995℃；

（5）当烧渣配入量提高到 60% 时，熔点反而升高，这可能是由于过量的 FeO 与 Al_2O_3 形成高熔点的 $FeO \cdot Al_2O_3$（熔点为 1780℃）所致。

表 8-19 列出了 XS-8、XS-10、XS-11、XS-12 炉渣的化学成分分析结果，结合表 8-18、表 8-19 可以得出，硅酸度 K 为 1.0 与 1.14 的炉渣具有较低的熔化温度，而尤以硅酸度 K 为 1.00 时的熔点最低，仅为 995℃，当 $K = 0.82$ 时，炉渣呈碱性，熔点反而升高。

表 8-19 小试所得炉渣化学成分与硅酸度 K

编 号	炉渣化学成分/%				硅酸度 K
	FeO	CaO	MgO	SiO_2	
XS-8	20.49	12.40	2.42	23.98	1.41
XS-10	31.26	13.68	2.36	25.18	1.14
XS-11	38.39	14.47	2.33	25.85	1.00
XS-12	47.74	14.13	1.98	23.77	0.82

综上所述，高钨电炉锡渣，配入一定量烧渣且添加适量的碳质还原剂时，熔点降低，流动性得到改善，可完全满足烟化炉作业对炉渣性能的要求，使液态烟化法处理高钨电炉锡渣成为可能。

8.3 熔池熔炼—连续烟化法处理高钨电炉锡渣工业试验

根据对高钨电炉锡渣的特性研究及小型试验结果，建设 $4m^2$ 烟化炉及相应的配套辅助设备，进行熔池熔炼—连续烟化法处理高钨电炉锡渣工业试验。

8.3.1 试料的理化性质

工业试验所用的高钨电炉锡渣 GS-1 的光谱分析见表 8-20，化学成分（含硬头，简称 YGS）见表 8-21。黄铁矿（简称 HTG）、烧渣（简称 SGS）、粉煤（简称 FMG）等的化学分析结果分别见表 8-22 和表 8-23。

表 8-20 高钨电炉锡渣（GS-1）光谱分析结果

元 素	Be	Al	Si	B	Sb	Mn	Mg	Pb
成分/%	0.004	>10	>10	0.002		0.1	>1	0.003

元 素	Sn	Fe	Ge	W	Ti	Ca	Zn	
成分/%	1~10	>10	0.003	1~5	0.01	>3	<1	

表 8-21 高钨电炉锡渣、硬头及石灰石化学分析结果

编 号	化学成分/%							
	Sn	Fe	WO_3	SiO_2	CaO	MgO	Al_2O_3	As
GS-1	13.52	23.00	5.71	19.95	5.80	1.03	12.37	

编　号	化学成分/%							
	Sn	Fe	WO$_3$	SiO$_2$	CaO	MgO	Al$_2$O$_3$	As
GS – 2	5.95	15.80	7.18	23.99	12.40	2.42	14.42	
GS – 3	7.51	20.25	6.16	22.95	6.38	1.80	12.85	0.30
GS – 4	7.87	23.80	8.32	21.40	6.50	2.81	12.21	0.30
GS – 5	5.22	15.00	6.77	22.45	9.51	2.70	14.10	0.15
YGS – 1	33.76	29.80	4.91	7.92	1.97	0.61	4.66	4.00
YGS – 2	35.19	34.60	2.26	7.50	1.80	0.53	4.82	6.00
YGS – 3	8.36	32.00	4.42	8.95	1.51	0.99	4.51	4.00
石灰石		0.30		0.97	46.70	8.80		

表 8 – 22　粉煤化学成分

编　号	化学成分/%			
	固定碳	挥发分	灰　分	水　分
FMG – 1	64.38	20.00	14.98	0.64
FMG – 2	77.20	17.30	4.80	0.70
FMG – 3	66.51	20.43	12.49	0.57
FMG – 4	66.24	18.57	14.82	0.39

表 8 – 23　黄铁矿、黄铁矿烧渣化学成分

名　称	化学成分/%				备　注
	TFe	S	SiO$_2$	H$_2$O	
HTG – 1	37.40	27.50	5.93	5.60	
HTG – 2	37.95	29.78	6.16	7.94	黄铁矿简称
HTG – 3	40.14	32.11	5.48	14.98	HTG
HTG – 4	36.08	28.76	7.15	13.28	
SGS – 1	61.00	2.14		18.57	
SGS – 2	57.60	3.22		18.60	烧渣简称
SGS – 3	60.00	2.30		14.98	SGS

8.3.2　试验工艺流程

8.3.2.1　试验工艺流程图

熔池熔炼—连续烟化法处理高钨电炉锡渣的工业试验工艺流程如图 8 – 12 所示。该工艺省去了常规烟化炉必需的化料和保温设备，作业按加料—熔化—吹炼—放渣的程序在同一设备中循环进行。整个工艺是连续的，与间断作业方式相比，有周期短、作业条件较为稳定的特点。

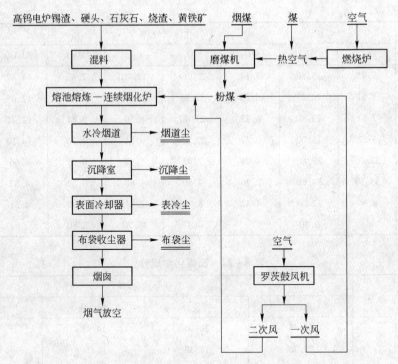

图 8 – 12　熔池熔炼—连续烟化法处理高钨电炉锡渣工业试验工艺流程图

8.3.2.2　各工序操作要点

A　破碎和筛分

高钨电炉锡渣粒度过大，则在炉内的熔化速度缓慢，影响烟化炉的正常作业；粒度过细，则入炉时容易被抽入烟道，影响烟尘质量和锡的回收率，因此，高钨电炉锡渣应经过破碎和筛分，使其粒度控制在 10～30mm 为宜。

B　烟化炉吹炼和收尘

经破碎的高钨电炉锡渣和作为铁质添加剂（助熔剂）的烧渣分别储存于烟化炉车间的料仓内。烟化炉吹炼时，打开料仓下料口，将高钨电炉锡渣及烧渣依次放入料钟中，并准确计量，然后用吊车将料钟吊往炉顶料仓，物料经加料器加入烟化炉。

物料在烟化炉内反应后，产出的烟气温度为 1100℃ 左右，烟气先经水冷烟道进入沉降室冷却到 500℃ 左右，再进入表面冷却器继续冷却，温度降到 120℃ 左右后进入布袋收尘器收集，废气则由烟囱排放。

C　粉煤制备

堆存于煤场的粉煤经电动葫芦提升到煤仓，由电磁振动给料机给入球磨机。粉煤干燥所需的热风由烧煤的燃烧炉供给，热风温度为 200℃。

经球磨机磨细的粉煤同热风一道，经抽风机从球磨机中被抽送出来以后，进入粗粉分离器分离出粗粉，粗粉返回球磨机再进行球磨，细粒的粉煤（200 目以上的占 80%）则经过旋涡收尘器及滤袋收尘器收集，储存于粉煤仓内，使用时，通过螺旋给煤机，用高压风送到烟化炉。

烟化炉所需的高压风由罗茨鼓风机供给。

表 8-24 是工业试验中经计算得出的热平衡。

表 8-24 工业试验的热平衡表

序号	热 收 入	kJ	%	序号	热 支 出	kJ	%
1	炉料带入	900×4.18	0.49	1	废渣带走	48000×4.18	26.06
2	空气带入	3424×4.18	1.86	2	烟尘带走	3300×4.18	1.79
3	粉煤燃烧放出	160721×4.18	87.27	3	烟气带走	102165×4.18	55.48
4	粉煤带入	695×4.18	0.38	4	冷却水及其他热损失	30693×4.18	16.67
5	黄铁矿氧化放出	18416×4.18	10.00				
	合　计	184158×4.18	100.00		合　计	184158×4.18	100.00

8.3.3　工业试验的主要设备选型及计算

8.3.3.1　烟化炉工序

A　烟化炉的主要技术性能

烟化炉设计时的主要技术性能见表 8-25。

表 8-25 烟化炉的主要技术性能

序号	名　称	单　位	数　据
1	炉床面积	m^2	4
2	处理量	t/炉	5
3	渣层厚度	m	0.38
4	操作周期	min	180
5	炉床能力	$t/(m^2 \cdot d)$	10
6	炉子内形尺寸	mm×mm×mm	3300×1640×2500
7	风口个数	个	16
8	风口中心距	mm	400
9	风口中心距炉底距离	mm	150
10	风口直径	mm	30
11	风口喷出速度	m/s	89
12	鼓风量	m^3/min	76
13	鼓风压力	kg/cm^3	0.80
14	一、二次风比例		35:65
15	粉煤单耗	$kg/t_{炉料}$	350
16	操作温度	℃	1100~1200
17	烟气量	m^3/min	4600
18	冷却方式		水冷
19	炉子自重	t	10

B 鼓风机（罗茨风机）的选型

烟化炉所需的风量按下式计算：

$$V_0 = \alpha F$$

式中 V_0——烟化炉所需风量，m^3/min；

α——鼓风强度，$m^3/(m^2 \cdot min)$，卧式烟化炉一般取值为 $19 \sim 25 m^3/(m^2 \cdot min)$，此处确定为 $19 m^3/(m^2 \cdot min)$；

F——炉床面积，m^2。

考虑到湿度、气压等因素，鼓风机的风量为：

$$V = V_0(1 + t/273) \times 760/B$$

式中 V——鼓风机的风量，m^3/min；

t——工作状态的大气温度，取为 $20℃$；

B——工作状态的大气压力，$mmHg$，取为 $751mmHg$。

经计算鼓风机的风量约为 $83m^3/min$。

烟化炉的操作风压一般为 $0.30 \sim 0.45 kg/cm^2$，风机的风压约为 $0.5kg/cm^2$，根据风量和风压，选定的鼓风机为 RF – 250A 型罗茨鼓风机，其风量为 $85.3kg/min$，压力为 $0.8kg/cm^2$。附电机：主轴转速 $300r/min$，功率 $149kW$。

C 粉煤仓的选择

烟化炉耗煤约为 $0.6t/h$，选用如下型号的粉煤仓：$\phi2000mm$，体积 $V = 6.6m^3$。

其贮煤量为：

$$G = V\gamma\psi$$

式中 G——粉煤仓贮煤量，t；

V——粉煤仓体积，m^3；

γ——粉煤的堆密度，t/m^3，取 $0.6t/m^3$；

ψ——粉煤仓利用系数，取为 0.7。

则贮煤量为 $2.77t$，粉煤仓的储煤时间约为 $5h$。与粉煤仓配套的滤袋收尘器的面积为 $100m^2$，螺旋给煤机的送煤速度为 $0.4 \sim 0.8t/h$。

8.3.3.2 粉煤制备工序

选择的主要设备如下：

(1) 磨煤机：型号为 $\phi1200mm \times 3000mm$，此时磨煤能力为 $1.2t/h$；

(2) 粗粉分离器：型号为 $D = 230$ 直通式粗粉分离器，数量 1 台；

(3) 旋涡收尘器：型号 CLT/Aϕ500 型，数量 1 台；

(4) 滤袋收尘器：面积为 $100m^2$，数量 1 台（套）；

(5) 排风机：型号为 9 – 26 型，No. 4 – A5，数量 1 台；

(6) 粉煤螺旋输送泵：型号为 $\phi150mm \times 1680mm$，数量 2 台。

8.3.3.3 收尘工序

选择的主要设备如下：

(1) 水冷烟道尺寸：$1m \times 1m \times 8m$；沉降室：面积 $42m^2$；

(2) 空气表面冷却器：表面积 $393m^2$；

（3）布袋收尘器：型号 144ZC – Ⅱ5A 型，过滤面积 569m^2，配用反吹风机为 9 – 195A 型；

（4）离心通风机：风量：5600m^3/h，全压：3670Pa。

8.3.4　试验内容、结果和讨论

采用熔池熔炼—连续烟化法处理高钨电炉锡渣，电炉锡渣的挥发熔炼过程是在烟化炉内实现的。新建的烟化炉开炉时，需预先烘烤炉膛，预热整个系统，然后加入木柴、焦炭等并鼓入微风逐渐升温，待着火并且木柴、焦炭充分燃烧后，加入一定量的贫化炉渣，为形成液态熔池作准备，此时，调整鼓风机的风量，粉煤在一、二次风的作用下，由小到大送入炉内，粉煤在炉内燃烧，使炉温迅速升高，并逐渐形成熔体。待炉内温度升高到烟化炉作业的正常温度 1100～1200℃时，炉内整个熔池已基本形成，此时（或在熔池形成过程中），经配料后的炉料（高钨电炉锡渣、石灰石、黄铁矿、烧渣等），从烟化炉顶加入。配料和加料是按如下方式进行的。首先按确定的每批料量，将高钨电炉锡渣、硬头、石灰石、黄铁矿、烧渣分层堆配，初步混合，然后通过加料料钟和漏斗，加入烟化炉内。炉料分批加入（每批炉料计为一炉），烟化一定时间后，从渣口放出一定量的贫化炉渣。随后再加入第二批炉料，重复烟化—放渣作业。

8.3.4.1　合理渣型试验

小型试验结果表明，以高钨电炉锡渣和硬头为原料，用黄铁矿、烧渣、石灰石进行配料，采用烟化法处理，既可以将锡有效地挥发回收，又利用了硬头中的铁。根据小型试验结果，按选择的渣型确定的配料比（见表 8 – 18 中 XS – 11 的配料）进行配料，工业试验中的炉况基本顺畅（个别炉次，炉渣起泡膨胀，将在后续专门研究），炉渣流动性较好，说明高钨电炉锡渣的黏度已得到有效降低，工业试验中选择确定的渣型合理。

8.3.4.2　风煤比试验

采用烟化炉硫化挥发法处理锡炉渣和其他含锡物料，烟化炉的温度控制和气氛调节是靠风煤比来实现的。风煤比是控制烟化炉正常作业的关键之一。在一般烟化作业中，炉内只起还原硫化挥发作用。当鼓入高压风及粉煤后，粉煤在炉内液料中燃烧，供给热量使炉内保持高温，并保证炉内有适当的还原气氛。但对于熔池熔炼—连续烟化作业而言，由于烟化炉同时具备化料和液态挥发功能，因而风煤比的控制较一般烟化炉复杂。

工业生产上常用空气过剩系数 α 表示风煤比。

当 $\alpha = 1$ 时，碳完全燃烧成 CO_2，其发热值最大；

当 $\alpha = 0.5$ 时，碳燃烧生成 CO，其发热值最小；

当 $\alpha = 0.5 \sim 1$ 时，碳燃烧不完全，其发热值介于上述二者之间。

表 8 – 26 是碳燃烧不完全时，其空气过剩系数 α 值与 [% CO_2/% CO] 和发热值的关系。从表中可以看出，碳质燃料燃烧时，一定的空气过剩系数 α，对应着一定的气氛和一定的发热值。

在风煤比试验中，风量固定，用变动加煤量的大小来改变风煤比。试验结果为：在加料阶段，为了加快化矿速度，同时兼顾一定的还原气氛，保持炉内有较高温度，风煤比宜偏大，空气过剩系数控制在 0.95～1.0，而在后期，炉内主要完成液态挥发作业，为了保证较快的还原硫化挥发速度，风煤比可适当减小，空气过剩系数控制为 0.9～0.94。

表 8-26　α 值与气相组成和发热值的关系

α		1	0.9	0.8	0.7	0.6	0.5
气相组成/%	CO_2	21	18.24	15.00	11.00	6.14	0
	CO	0	4.56	10.00	16.47	24.56	34.71
	$\%\,CO_2/\%\,CO$		4.00	1.50	0.67	0.25	0
发热值/%		100	85.60	71.20	57.00	42.40	28.10

8.3.4.3　吹炼时间试验

吹炼时间是一个重要的工艺参数,吹炼时间的长短直接影响着锡的挥发率,时间越短,表明表观速率常数 $k_表$ 越大,生产效率越高。在表观速率常数 $k_表$ 恒定的条件下,随着吹炼时间的延长,渣含锡越来越低,其挥发速率也越来越小,相对应的锡的挥发率的增加也越来越小。如图 8-13 所示的工业试验中,所绘制的吹炼时间与渣含锡的关系曲线。工业试验结果表明,随着吹炼时间的延长,

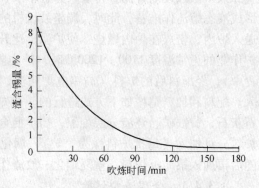

图 8-13　吹炼时间与渣含锡的关系曲线

后期的挥发效益很低,影响作业成本。同时,由于使用的粉煤灰分中造渣成分属酸性,故吹炼时间长,渣变稠。根据试验结果,确定熔炼和吹炼时间控制在 150min,此时,渣含锡为 0.2%,较为合理。

8.3.4.4　试验结果

表 8-27 是部分烟化渣及产出烟尘的化学成分。

表 8-27　部分烟化渣及产出烟尘的化学成分

料批次		化学成分/%									
		WO_3	Sn	MgO	As	SiO_2	CaO	Al_2O_3	Fe	S	Bi
烟化渣	95	4.62	0.07	2.93	0.10	19.01	12.24	11.30	29.80		
	97	4.37	0.10	3.57	0.10	19.69	13.86	10.18	29.80		
	100	4.55	0.05	3.76		19.63	12.47	8.81	28.80		
烟尘	07	1.63	62.52		1.60	2.02	0.84		1.50	2.34	0.2
	10	0.99	61.52		1.30	1.98	1.20		1.40	2.85	0.3

以工业试验的第 57 批~第 148 批炉料数据统计,共处理锡金属量 27.8582t,产出锡烟尘金属量 26.0508t,锡回收率 93%。以每批炉料放出渣的含锡计,平均锡挥发率 96.04%,渣含锡最低达 0.05%;以高钨电炉锡渣和硬头为入炉料计(不计石灰石、烧渣、黄铁矿),煤耗为 $0.525t/t_{炉料}$;如以入炉锡金属量计,煤耗为 $4.6t/t_{金属锡}$,黄铁矿率 20.1%。

8.3.5 小结

高钨电炉锡渣，虽然含钨、硅高，硅酸度大，但经配入适当的碱性熔剂后，工业试验表明，用熔池熔炼—连续烟化法处理是可行的。

用熔池熔炼—连续烟化法处理高钨电炉锡渣，工业性试验中取得了锡挥发率96.04%，直收率93.5%，抛渣含锡低于0.2%，烟尘含锡60%的较好技术经济指标，经数百批炉料的试验，现已投入工业应用，作业正常，指标稳定，工艺先进。

用熔池熔炼—连续烟化法处理高钨电炉锡渣，工艺简单，基建投资小、煤耗低，加工成本少，有较好的经济效益。

高钨电炉锡渣黏度大、易发泡，过去我国一直无法处理，该工业试验的成功，为高钨电炉锡渣的处理开辟了一条有效途径，是液态烟化法的一大发展，有较大的实用意义和推广价值，根据国际联机检索，证明该项技术在国内外具有新颖性。

8.4 烟化渣特性

为了更进一步探求钨、硅等在烟化过程中的行为，又在工业试验现场采集烟化渣试样，对其特性进行研究。

8.4.1 烟化渣化学分析

选择"YS-1"烟化渣进行光谱分析，根据分析结果对各批炉料产出的烟化渣主要元素进行化学分析，结果见表8-28、表8-29。表8-30是部分炉料产出烟尘化学成分的分析结果。

表 8-28 烟化渣（YS-1）光谱分析

元　素	Be	Al	Si	B	Sb	Mn	Mg	Pb	Sn	Fe
成分/%	0.003	>1	>10	0.001		0.01	0.1~1	0.02	0.2	>10
元　素	Cr	W	Ti	Ca	Cu	V	Cd	Zn	Ni	
成分/%	0.003	>1	0.01	1~10	0.01	0.003	0.01	0.1	0.003	

表 8-29 烟化渣化学成分

编　号	化学成分/%								
	Sn	Fe	WO_3	SiO_2	CaO	MgO	Al_2O_3	As	S
YS-1	0.44	26.5	3.97	19.20	17.50	5.34	12.13		1.69
YS-2	0.12	27.7	3.44	22.21	14.85	2.70	12.21		0.07
YS-3	0.08	28.2	3.20	20.83	13.75	2.47	12.18		1.24
YS-4	0.07	28.0	3.54	21.10	16.36	2.66	11.08		0.79
YS-5	0.07	29.8	4.62	19.01	12.24	2.93	11.30	0.1	
YS-6	0.10	29.8	4.39	19.69	13.86	3.57	10.18	0.1	
YS-7	0.05	28.8	4.55	19.63	12.47	3.76	8.87	0.1	
YS-8	0.09	32.0	3.59	19.61	13.28	3.57	9.21	0.1	

表 8 – 30　部分炉料产出烟尘的化学成分

编　号	化学成分/%								
	WO_3	Sn	S	Bi	As	SiO_2	Fe	Pb	Sb
YC – 1	1.63	62.52	2.34	0.20	1.60	2.02	1.50	0.84	0.08
YC – 2	1.23	62.45	1.14	0.25	1.60	2.40	0.90	1.25	0.08
YC – 3	1.01	61.94	2.62	0.21	1.66	1.88	1.30	1.33	0.09
YC – 4	0.99	61.52	2.85	0.26	1.30	1.98	1.40	1.20	0.09

从表 8 – 29 的分析结果看，高钨电炉锡渣经烟化处理后，所获烟化渣含锡量很低，平均在 0.2% 以下，说明按确定的配料及工艺条件烟化处理高钨电炉锡渣是可行的。取烟化渣进行熔化温度测定，其范围在 1104 ~ 1195℃ 之间，较高钨电炉锡渣熔化温度 1218 ~ 1255℃ 低了近 100℃，证明加碱性物质 FeO 等确能起到降低熔化温度的作用。

8.4.2　烟化渣 X 射线衍射分析

取"YS – 1"烟化渣（化学分析结果见表 8 – 29），进行 X 射线衍射分析（以下所指烟化渣，除非说明，皆为 YS – 1 烟化渣样），查明烟化渣中有如下物相：

(1) 铁橄榄石：$(Ca \cdot Fe)_2SiO_4$。

(2) 白钨矿：$CaWO_4$。

(3) 铁尖晶石：$Fe(Mg)AlO_4$。

(4) 铁橄榄石：Fe_2SiO_4。

(5) α – 氧化铁：$\alpha - Fe_2O_3$。

(6) 磁性铁：Fe_3O_4。

(7) 氧化亚锡：SnO。

(8) 硫化铁：FeS_2。

X 射线衍射图如图 8 – 14 所示。

8.4.3　烟化渣显微镜鉴定及各相共存关系

图 8 – 15 和图 8 – 16 所示为烟化渣中各结晶相形貌图。

经显微镜鉴定表明：烟化渣中主要物相为钙铁橄榄石、白钨矿、铁尖晶石、铁橄榄石、玻璃相及硫化铁等。分述如下：

(1) 钙铁橄榄石：在渣中结晶颗粒粗大，结晶较完好，呈粒状、板状、菱形柱状出现，偏光下有较高的干涉色，图 8 – 15 中灰白色多颜色晶体为钙铁橄榄石，是烟化渣中主要结晶相，结晶粒度 0.20 ~ 0.01mm，最小 0.005mm。

电子探针成分分析结果计算分子式为：

$$FeO_{1.14} \cdot CaO_{0.75} \cdot MgO_{0.25} \cdot Al_2O_{3\,0.02} \cdot SiO_{2\,1.00}$$

简化式：

$$(Fe \cdot Ca \cdot Mg)O_{2.14} \cdot (Al \cdot Si)O_{2\,1.02}$$

测定结果表明，渣中的 MgO 基本上进入钙铁橄榄石中。

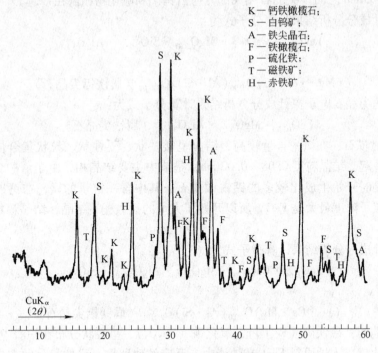

图 8-14 烟化渣 X 射线衍射图

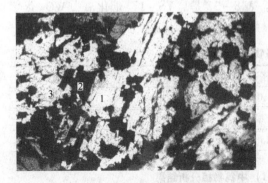

图 8-15 烟化渣中各结晶相形貌图
（透光，正交偏光，放大 200 倍）
1—钙铁橄榄石；2—磁铁矿及尖晶石；
3—铁橄榄石

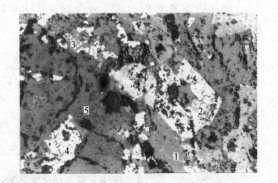

图 8-16 烟化渣中各结晶相形貌图
（反光，放大 200 倍）
1—钙铁橄榄石；2—磁铁矿；3—白钨矿；
4—硫化矿；5—尖晶石

　　(2) 白钨矿：渣中呈细粒状、条状、树枝状、八面体粒状，结晶粒度细，最大粒度
0.06mm，一般在 0.01~0.03mm 之间，与钙铁橄榄石嵌布在一起。

　　电子探针成分分析结果计算分子式为：

$$CaO_{0.86} \cdot FeO_{0.17} \cdot WO_{3\,1.00}$$

　　(3) 铁尖晶石：在烟化渣中尖晶石矿物有两种，一种是以阳离子 FeO 为主，含有少
量 MgO 的铁尖晶石；另一种是以阳离子 MgO 为主，含有一定量的 FeO 尖晶石。尖晶石呈
立方形或八面体粒状出现，以 MgO 为主的尖晶石结晶稍粗，最大结晶粒度 0.04mm，一般

在 0.02~0.005mm 之间，尖晶石相大部分与白钨矿和硫化物相嵌在一起。

电子探针成分分析结果计算分子式为：

$$FeO_{0.17} \cdot CaO_{0.02} \cdot MgO_{0.87} \cdot SiO_{2\,0.01} \cdot Al_2O_{3\,1.01}$$

简化式：

$$(Mg \cdot Fe \cdot Ca)O_{1.06}(Al \cdot Si)_2O_{3\,1.01}　（属镁铝尖晶石）$$

含铁高的尖晶石电子探针成分分析结果计算分子式为：

$$FeO_{0.97} \cdot MgO_{0.09} \cdot Al_2O_{3\,1.00}　（属铁尖晶石）$$

（4）铁橄榄石：在渣中含量较高，结晶呈矮柱状、菱柱状、粒状集合体，与钙铁橄榄石嵌布在一起，结晶粒度 0.08~0.02mm，是渣中主要结晶相，由于渣中含钙、镁，所以在炉渣结晶时开始生成比较多的钙铁橄榄石，其中含一定量的镁，在钙铁橄榄石结晶后，渣中阳离子浓度最大是 FeO，所以开始了大量的铁橄榄石结晶，结晶颗粒比钙铁橄榄石小。

电子探针成分分析结果计算分子式为：

$$FeO_{1.64} \cdot CaO_{0.26} \cdot MgO_{0.10} \cdot Al_2O_{3\,0.01} \cdot SiO_{2\,1.00}$$

简化式：

$$(Fe \cdot Ca \cdot Mg)O_{2.00}(Al \cdot Si)O_{2\,1.01}　（属镁铝尖晶石）$$

（5）其他相：磁铁矿（Fe_3O_4），氧化铁（Fe_2O_3），呈粒状分布在炉渣中。

（6）硫化铁：入炉原料 FeS_2 在炉渣中未反应的残留物，呈粒状分散在炉渣中，粒度 0.1~0.01mm。

烟化渣中各物相相对百分含量见表 8-31。表 8-32 是"YS-1"烟化渣中 WO_3 化学物相分析结果。

表 8-31　烟化渣中各物相相对百分含量

物相名称	钙铁橄榄石	铁橄榄石	镁尖晶矿	铁尖晶石
含量/%	55.38	10.60	4.36	3.26
物相名称	白钨矿	硫化矿	磁铁矿	玻璃相及其他
含量/%	5.21	2.15	0.83	18.21

表 8-32　烟化渣（YS-1）中钨物相分析结果

项　目	钨物相组成				
	钨酸钙 WO_3	氧化钨 WO_3	金属钨 WO_3	其他钨 WO_3	TWO_3
YS-1 烟化渣/%	3.790	0.047	0.041	0.130	4.008
分配率%	94.56	1.17	1.03	3.24	100.00

测定结果：造渣元素的生成相为 84.19%。

8.4.4　烟化渣电子探针分析

烟化渣电子探针分析结果，查清了造渣元素在各结晶相中的分布。在烟化渣形貌图 8-14、图 8-15 中，可见渣中主要结晶相为钙铁橄榄石、白钨矿、硫化铁，铁尖晶石及玻璃相。从各元素面分布图可知，硫基本上分布在硫化铁中；镁基本上分布在钙铁橄榄石中；铝主要分布在尖晶石中，部分残留在玻璃相中；硅主要分布在橄榄石中；铁主要分布在橄榄石中，少量分散在其他相中；钨基本上分布在白钨矿中；钙元素分布在橄榄石中。

采用电子探针对烟化渣中各相作定点成分定量分析，结果见表 8 - 33。

表 8 - 33 烟化渣各结晶相电子探针定量分析结果

名　称	化学成分/%							
	FeO	WO$_3$	Sn	CaO	MgO	Al$_2$O$_3$	SiO$_2$	S
钙铁橄榄石	32. 48			30. 15	5. 14	0. 98	31. 25	
铁橄榄石	59. 52			7. 50	2. 13	0. 45	30. 40	
镁尖晶石	8. 30			0. 74	23. 15	67. 31	0. 50	
硫化亚铁	63. 18[①]						0. 51	36. 31
白钨矿	8. 04	76. 20		15. 76				
硫化亚锡	2. 57		76. 08					21. 35
磁铁矿	95. 18[②]	0. 36		1. 25		1. 43	1. 78	
铁尖晶石	37. 71				3. 76	58. 53		
玻璃相等	8. 87			2. 66	0. 85	37. 18	6. 32	

①Fe%，②Fe$_3$O$_4$%。

8.4.5 烟化渣中主元素在各相中的分配计算

根据显微镜定量测定物相含量结果和电子探针对各相定量分析结果，计算烟化渣中元素分配，结果见表 8 - 34。

表 8 - 34 烟化渣中主元素在各相中的分配计算表

矿物名称	矿物含量/%	FeO			Sn		
		品位/%	含量/%	分配率/%	品位/%	含量/%	分配率/%
钙铁橄榄石	55. 38	32. 48	17. 99	59. 91			
铁橄榄石	10. 60	59. 52	6. 30	20. 98			
镁铝尖晶石	4. 36	8. 30	0. 36	1. 20	0. 3[③]	0. 04	9. 3
硫化亚铁	2. 15	63. 2[①]	1. 36	4. 53			
白钨矿	5. 21	8. 04	0. 42	1. 40			
硫化亚锡	0. 51	2. 57[①]	0. 01	0. 03			
磁铁矿	0. 83	95. 2[②]	0. 79	2. 63	76. 1	0. 39	90. 7
铁尖晶石	3. 26	37. 71	1. 23	4. 10			
玻璃相等	17. 70	8. 87	1. 57	5. 22			
合　计			30. 30	100		0. 43	100

矿物名称	WO$_3$			Al$_2$O$_3$		
	品位/%	含量/%	分配率/%	品位/%	含量/%	分配率/%
钙铁橄榄石						
铁橄榄石						
镁铝尖晶石				67.31	2.93	25.68
硫化亚铁						
白钨矿						
硫化亚锡	76.2	3.97	99.3			
磁铁矿						
铁尖晶石	0.36	0.03	0.7	58.53	1.90	16.65
玻璃相等				37.18	6.54	57.67
合　计		4.00	100			100

矿物名称	SiO$_2$			S		
	品位/%	含量/%	分配率/%	品位/%	含量/%	分配率/%
钙铁橄榄石	31.84	17.63	80.17			
铁橄榄石	30.40	3.22	14.64			
镁铝尖晶石	0.50	0.02	0.10			
硫化亚铁						
白钨矿				36.31	0.78	87.64
硫化亚锡	1.78	0.01		21.35	0.11	12.36
磁铁矿				0.36		
铁尖晶石						
玻璃相等	6.32	1.12	5.09			
合　计		21.99	100		0.89	100

矿物名称	CaO			MgO		
	品位/%	含量/%	分配率/%	品位/%	含量/%	分配率/%
钙铁橄榄石	30.38	16.82	88.76	7.14	3.95	72.34
铁橄榄石	7.50	0.80	4.22	2.13	0.23	4.21
镁铝尖晶石	0.74	0.03	0.16	23.15	1.01	18.49
硫化亚铁						
白钨矿	15.76	0.82	4.33			
硫化亚锡						
磁铁矿	1.25	0.01	0.05			
铁尖晶石				3.76	0.12	2.20
玻璃相等	2.66	0.47	2.48	0.85	0.15	2.76
合　计		18.95	100		5.46	100

①Fe%，②Fe$_3$O$_4$%，③SnO%。

计算结果表明：

（1）渣中80.89%的铁以氧化亚铁的形式进入钙铁橄榄石和铁橄榄石中，7.93%的铁进入尖晶石中，少量进入金属和硫化物相，剩下的5.22%铁以氧化亚铁的形式进入玻璃相；

（2）烟化渣中的锡含量很低，主要是未挥发完的硫化亚锡；

（3）渣中的WO_3主要与氧化钙生成白钨矿；

（4）渣中88.76%的氧化钙进入钙铁橄榄石中，其他氧化钙含在铁橄榄石、白钨矿和玻璃相中；

（5）渣中有72.34%的氧化镁进入钙铁橄榄石中，有18.4%的氧化镁生成镁铝尖晶石；

（6）渣中二氧化硅基本上进入橄榄石，占94.81%；

（7）渣中有42.33%的氧化铝生成尖晶石，剩下的铝进入玻璃相。

8.4.6 小结

通过以上分析，并综合对照前述对高钨电炉锡渣的物相组成考查结果，可总结出钨、硅在烟化过程中的行为如下：

（1）钨在高钨电炉锡渣中，基本上与氧化钙生成白钨矿（$CaWO_4$）（分配率约为100%），经烟化法处理后，在烟化渣中，仍是与氧化钙形成白钙矿（分配率为99.25%），即在烟化过程中，钨未参与造渣，其状态未发生根本改变，但高钨的存在，使高钨电炉锡渣的熔化温度、黏度值增大（随含钨量的增加，影响更为明显），给烟化作业带来困难。

（2）硅在高钨电炉锡渣中，与氧化亚铁生成铁橄榄石（分配率为62.93%），部分生成金云母矿物（分配率为20.37%）和进入玻璃相（分配率16.70%）。经烟化处理后，在烟化渣中，硅主要与碱性物质CaO、FeO等形成钙铁橄榄石（占80.17%）和铁橄榄石（占14.64%），余下的硅（占5.09%）进入玻璃相及其他相中，亦即在烟化过程中，硅（SiO_2）积极参与了造渣反应，它与加入的碱性物质FeO、CaO等，大量形成较低熔点的橄榄石（占94.81%）型炉渣，保证了烟化过程的顺利进行。在入炉物料（高钨电炉锡渣）中，高硅的存在，使高钨电炉锡渣的黏度增大（随硅含量的增加而增大），提高了烟化作业的温度，增大了碱性物质的加入量，也同样给烟化作业带来了困难，增加了原燃材料的消耗。

8.5　烟化泡沫渣特性

工业试验中，发现个别炉次的高钨电炉锡渣在烟化处理时，会产生发泡、体积膨胀现象，影响烟化作业的正常进行，为探求其发泡性能并寻求解决的途径，在现场采集试样（称之为烟化泡沫渣），对其特性进行研究。

8.5.1　烟化泡沫渣化学分析

对现场采集的烟化泡沫渣试样，首先进行光谱分析，见表8-35，再根据光谱分析结果，对其主要元素进行化学分析，结果见表8-36。

表 8 – 35　烟化泡沫渣（YPS）光谱分析结果

元　素	Be	Al	Si	B	Sb	Mn	Mg	Pb	Sn	Fe
成分/%	0.003	>1	>10	0.001	<0.01	0.01	≥1	0.02	0.3~1	>10

元　素	Cr	W	Ti	Ca	V	Cu	Cd	Zn	Ni	
成分/%	0.003	1~5	0.01	>3	0.003	0.03			0.003	

表 8 – 36　烟化泡沫渣（YPS）化学成分

编　号	化学成分/%							
	Sn	Fe	WO₃	SiO₂	CaO	MgO	Al₂O₃	C
YPS	1.45	24.31	3.83	27.09	8.41	2.47	16.44	0.27

化学分析结果表明，烟化泡沫渣中的 SiO_2、Al_2O_3 含量高于高钨电炉锡渣和烟化渣中的含量。

8.5.2　烟化泡沫渣的 X 射线衍射分析

从图 8 – 17 中的 X 射线衍射分析可以看出，烟化泡沫渣中基本上没有结晶相存在，炉渣呈均质玻璃相，只有极少数的金属铁呈结晶相。为了进一步证实金属铁相的存在，将烟化泡沫渣破碎至 0.075mm（ – 200 目），用永久性磁铁吸取磁性部分，再作 X 射线衍射分析，得到了金属铁的完整峰型，如图 8 – 18 所示。

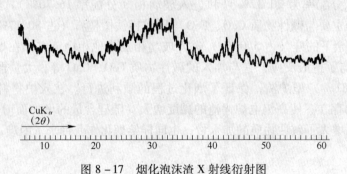

图 8 – 17　烟化泡沫渣 X 射线衍射图

8.5.3　烟化泡沫渣显微镜鉴定

烟化泡沫渣的显微镜鉴定结果表明：烟化泡沫渣中基本上没有结晶相，属玻璃体。玻璃体呈蜂窝状，孔洞多，仅在个别渣块中发现有少量被局部还原的金属铁。金属铁最大颗粒 0.4mm，一般在 0.1~0.001mm 之间，呈球粒状、键状。反光下为灰白色金属光泽，如图 8 – 19 所示。

经计算，烟化泡沫渣的碱度为 0.97，较烟化渣的碱度低得多，说明烟化泡沫渣中的阳离子不足，阴离子过剩，促使烟化泡沫渣的黏度增大，各矿物相难于结晶，最终产物为

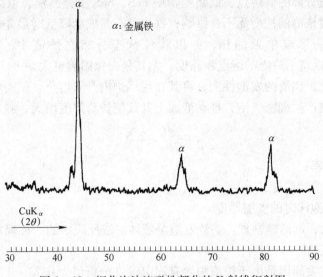

图 8-18 烟化泡沫渣磁性部分的 X 射线衍射图

玻璃相。如加入碱性物质如石灰等，增加阳离子浓度，增大碱度，使渣中阳离子和阴离子平衡，形成易于结晶的不易发泡的橄榄石型炉渣成分，这是消除泡沫、抑制炉渣体积膨胀，保证烟化作业能顺利进行的有效途径。

8.5.4　烟化泡沫渣电子探针分析

烟化泡沫渣电子探针分析时，发现渣中各元素基本以氧化物的形式构成玻璃相，仅少量的渣中有金属铁相。从元素面分布可知，铁在渣中主要分布在基体上，且分布均

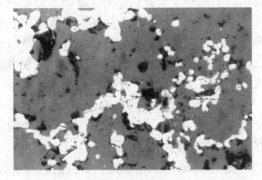

图 8-19　烟化泡沫渣形貌图
（渣中局部还原出球粒状金属铁，基底为
均质玻璃相，反光，放大 200 倍）

匀，少部分分布在金属铁相中；钨、钙、硅、镁、铝等都均匀分布在玻璃相中。

分析表明，烟化泡沫渣因硅、铝含量高，使炉渣黏度增大，渣变稠，产生的大量气泡无法有效快速排出而导致炉渣呈蜂窝状结构。个别渣块中出现的金属铁是局部还原所致。

8.5.5　烟化泡沫渣的发泡性能探讨

在烟化工艺中，炉料的还原、硫化、挥发都是在熔池内进行的，因此要求熔融炉渣具有较低的熔点、黏度及良好的流动性。

根据炉渣离子理论，液体炉渣和结晶后的固体炉渣一样，仅由阳离子和阴离子所构成，如无特殊根据，则离子在熔体中的结构与在固相中没有很大的区别。

如前所述，高钨电炉锡渣的主要相成分是钙铁橄榄石（占总渣量的 43.54%），玻璃相（17.90%）及金云母（10.80%），三者总和达 72.24%，构成液体炉渣的基础部分；

渣中未能实现沉渣分离的低熔点、低黏度物质 FeS、SnS 及金属锡，以微细颗粒分散夹杂在基础炉渣中，对该渣的性质无不良影响；铁尖晶石是温度降低时最先析出的物质，白钨在炉渣中不熔化，形成单独的相，并以颗粒状态分布在炉渣中，颗粒度一般小于 0.02mm，两者都提高了炉渣的熔点和黏度，尤其是白钨影响更大。

为考察高钨电炉锡渣的发泡性能，将其在坩埚炉内升温熔化。试验中发现，升温至炉渣熔融时，渣层内产生细密气泡，推动液面上升致使炉渣厚度增大，测定结果：

$$\eta = \frac{H}{H_0} \geqslant 2.5$$

式中　　η——起泡率；

　　　　H_0——起始渣层厚度；

　　　　H——产生泡沫时的渣层厚度。

$\eta \geqslant 1$，η 越大，起泡越剧烈。炉渣发泡是液体炉渣反应中的一种现象，发生在气体和熔渣同时存在的场合。

产生气泡的主要原因是由于炉渣中含有固定碳（分析值为 0.27%），它在炉渣中反应产生气泡，气泡上升至表面形成泡沫层后排出，当渣层内的炭消耗完毕，泡沫中的气体排完后，渣面归于平静；产生气泡的另一原因是炉渣组成中的 Fe_3O_4 与硫化物（FeS）反应生成 SO_2 气泡。外部鼓入气体同样能推动渣面上升，形成泡沫渣，烟化炉正常作业时要不断鼓入空气与煤的混合物，产生气泡的原因主要属于后一种情况。

泡沫渣表面积大，反应速度快，能覆盖炉壁起到保护炉壁水套的作用，但若起泡率过大，则能从炉顶冒出，严重影响操作，甚至酿成重大事故，因此对泡沫渣不能掉以轻心。

炉渣能否发泡取决于其本身性质，即能不能发泡和产生的泡是否稳定，其次是起泡需要一定能量的气体，即炉渣内部反应产生的或向熔池鼓入的气体，其能量足以使液体体积扩大，形成泡沫且长大。

据 Fruchan 等人的研究，炉渣的起泡指数（表示渣的泡沫化程度强弱的参数，即气泡在渣中的滞留时间）与熔渣的 $[\mu \rho g / \sigma^{1/2}]$ 成正比，式中 μ 为黏度（Pa·s），ρ 为密度（kg/m^3），g 为重力加速度（m/s^2），σ 为渣的表面张力（N/m）。调整炉渣成分显然可以降低炉渣的黏度及提高表面张力，有利于炉渣消泡；而温度的影响更大，随着温度的升高，熔渣的黏度降低而表面张力升高；此外，固体颗粒的作用不能低估，渣中呈固体弥散状分布的独立相 $CaWO_4$，能导致熔渣熔点和黏度升高，促使炉渣发泡，很显然，添加表面活性物质能使炉渣起泡率降低。

曾在完成烟化的弃渣中添加 $CaWO_4$，观察其发泡情况，并测定其熔点和黏度，$CaWO_4$ 添加量分别为（%）：0、2、4、6、8。以石墨坩埚为容器。不添加 $CaWO_4$ 的炉渣虽有气泡产生，但很容易凝聚成大泡从表面逸出，不起泡沫；其余试验都有泡沫产生，导致体积膨胀。经测定各炉渣的熔点和黏度，也都随着 $CaWO_4$ 的增加而提高。

熔渣的黏度取决于难活动的离子质点，尤其是阴离子质点的大小，阴离子质点愈小，则质点间的内磨力就愈小，炉渣的黏度也就愈低，反之则增大。所鉴定的高钨电炉锡渣的相成分以铁橄榄石为主（占 43.54%），该相的熔点和黏度都不高，但炉渣中有熔点较高的铁尖晶石及难以熔化的白钨，因而使熔点和黏度都有所升高。

综上所述，由于难熔化的呈固体弥散状分布的独立相 $CaWO_4$ 及较高熔点的铁尖晶石的存在，致使烟化法处理高钨电炉锡渣时，较通常情况，炉渣的熔点和黏度升高，气体难以逸出，导致起泡，产生泡沫渣；泡沫渣中硅、铝含量较高，其碱度为0.97，属酸性渣，渣中的阳离子不足，阴离子过剩，促使烟化泡沫渣的黏度增大，各矿物相难于结晶，最终产物为玻璃相。如加入碱性物质如石灰等，增加阳离子浓度，增大碱度，使渣中阳离子和阴离子平衡，形成易于结晶的、不易发泡的橄榄石型炉渣成分，这是消除泡沫、抑制炉渣体积膨胀，保证烟化作业能顺利进行的有效途径，工业试验的结果证实了该措施是正确的。

8.5.6 小结

通过以上研究，可归纳出烟化泡沫渣特性：烟化泡沫渣中的 SiO_2、Al_2O_3 含量高于高钨电炉锡渣和烟化渣中的含量；渣中各元素基本上以氧化物的形式构成玻璃相结构，没有结晶相，属玻璃体，仅有极少量的渣中有金属铁相；烟化泡沫渣的碱度为0.97，较烟化渣的碱度低得多，属酸性渣，渣中的阳离子不足，阴离子过剩，促使烟化泡沫渣的黏度增大，产生的大量气泡无法有效快速排出而导致炉渣呈蜂窝状结构，各矿物相难于结晶，最终产物为玻璃相。加入碱性物质如石灰等，将增加阳离子浓度，增大碱度，使渣中阳离子和阴离子平衡，形成易于结晶的、不易发泡的橄榄石型炉渣成分，这是消除泡沫、抑制炉渣体积膨胀，保证冶炼烟化作业能顺利进行的有效途径。

8.6 炉渣渣型

冶金炉渣常由多种氧化物以及氟化物、硫化物等多种化合物组成，是一个极为复杂的体系。组成冶金炉渣的各种氧化物大致可分为三类，即碱性氧化物、酸性氧化物和两性氧化物。

碱性氧化物：如 FeO、CaO、MgO、MnO 等，此类氧化物能供给氧离子 O^{2-}，例如 $CaO = Ca^{2+} + O^{2-}$；

酸性氧化物：如 SiO_2、P_2O_5 等，此类氧化物能吸收氧离子 O^{2-} 而形成络合阴离子，例如 $SiO_2 + 2O^{2-} \rightarrow SiO_4^{2-}$；

两性氧化物：如 Al_2O_3、ZnO 等，此类氧化物在碱性氧化物过剩时会吸收氧离子，形成络合阴离子而呈酸性，在酸性氧化物过剩时又可供给氧离子而呈碱性，例如 $Al_2O_3 + O^{2-} \rightarrow 2AlO^-$，$Al_2O_3 = 2Al^{3+} + 3O^{2-}$。

炉渣渣型一般用二氧化硅饱和度、碱度和炉渣中所形成的矿物相来确定。

在矿物学中，通常以诸造渣成分间 SiO_2 与 FeO、MgO、CaO 的比例变化关系为出发点，根据化学成分，以二氧化硅饱和度来探讨合适的渣型及解释渣的形成机理。二氧化硅饱和度（Q）与炉渣的理化性质关系密切，计算公式如下：

$$二氧化硅饱和度(Q)值 = \left(\frac{SiO_2 + Al_2O_3}{FeO + MeO} \right)_{mol} \times 100\%$$

式中，MeO 为 CaO、MgO、MnO 等碱性氧化物。

该法是从岩石学中矿物共生组合角度出发计算二氧化硅的饱和程度。以辉石化学成分中：$SiO_2/(FeO + MeO)_{mol}$ 的比值为100，作为岩石饱和矿物的特征，当为橄榄石时，为亚饱和型,如有石英伴生则为过饱和型。

当 $Q < 50\%$ 时,为不饱和型,说明渣中应含有方铁矿 [FeO] 及橄榄石;

当 $Q \approx 50\%$ 时,为亚饱和型,渣中主要矿物为橄榄石;

当 $Q \approx 100\%$ 时,为饱和型,渣中主要矿物为辉石;

当 $Q > 100\%$ 时,为过饱和型,渣中可能出现游离石英。

冶金中,根据炉渣成分,也采用碱度 B 来衡量炉渣中碱性物质与酸性物质的比例。计算公式为:

$$B = \frac{CaO + MgO + FeO}{SiO_2 + Al_2O_3}$$

式中各成分都指百分含量。

烟化法中,通常用硅酸度 K 来分析炉渣成分,一般认为 K 值 > 1.4 的炉渣,烟化作业难以进行。

对炼锡炉渣而言,其组成大部分都是由碱性氧化物和酸性氧化物生成的硅酸盐,也有少部分是硅铝酸盐,硅酸度 K 值的定义为:炉渣中酸性氧化物中含氧量和碱性氧化物中含氧量的比值,即:

$$K = \frac{SiO_2 \text{ 中氧离子}}{(FeO + MeO) \text{ 中氧离子}}$$

式中,MeO 为 CaO、MgO、MnO 等碱性氧化物。

硅酸度 K 值等于 1 的炉渣称为一硅酸度炉渣,相当于 $2MeO \cdot SiO_2$ 的盐类,硅酸度等于 2 的炉渣称为二硅酸度炉渣,相当于 $MeO \cdot SiO_2$ 的盐类。炼锡炉渣的硅酸度一般在 $1.0 \sim 1.5$ 之间。

表 8 – 37 是根据炉渣成分计算的高钨电炉锡渣、烟化渣、烟化泡沫渣的二氧化硅饱和度 (Q)、硅酸度 (K) 和碱度 (B) 以及根据计算所得出的炉渣矿物类型和成分式。各种炉渣的化学成分分别见表 8 –2、表 8 –19、表 8 –29 和表 8 –36。

表 8 – 37　各类炉渣的 Q 值、K 值、B 值及炉渣矿物类型

编　号	$Q/\%$	K	B	炉渣矿物类型	炉渣成分式
高钨电炉锡渣					
DS – 1	98.88	1.44	0.89		
DS – 2	84.45	1.22	1.13		
DS – 3	98.04	1.46	0.96		
DS – 4	78.22	1.16	1.19	橄榄石	$(Fe \cdot Mg \cdot Ca)_2 SiO_4$
DS – 5	101.96	1.34	0.86	+	+
DS – 6	89.16	1.35	1.03	紫苏辉石	$(Fe \cdot Mg \cdot Ca)_2 SiO_3$
DS – 7	88.03	1.26	1.11		
DS – 8	89.79	1.29	1.03		
DS – 9	98.56	1.44	0.94		
DS – 10	69.11	0.95	1.32		

编　号	$Q/\%$	K	B	炉渣矿物类型	炉渣成分式
DS-11	86.48	1.36	0.97		
DS-12	92.55	1.48	1.09		
DS-13	88.07	1.40	1.14	橄榄石	$(Fe \cdot Mg \cdot Ca)_2SiO_4$
DS-14	85.80	1.36	1.20	+	+
DS-15	96.96	1.54	1.04	紫苏辉石	$(Fe \cdot Mg \cdot Ca)_2SiO_3$
DS-16	105.85	1.77	0.97		
DS-17	113.64	1.94	0.92		
小试烟化渣					
XS-8	70.50	1.41	1.47		
（属电炉渣）				橄榄石	$(Fe \cdot Ca \cdot Mg)_2SiO_4$
XS-10	56.91	1.14	1.88		
XS-11	50.67	1.00	2.14		
XS-12	41.05	0.82	2.69		
工业试验烟化渣					
YS-1	47.98	0.69	1.62		
YS-2	59.47	0.76	1.55		
YS-3	57.77	0.85	1.59		
YS-4	49.74	0.81	1.71	橄榄石	
YS-5	52.11	1.04	1.77		
YS-6	49.44	0.75	1.87		
YS-7	49.93	0.77	1.88		
YS-8	46.62	0.72	2.02		
工业试验烟化泡沫渣				辉石+	
YPS	97.41	1.40	0.97	玻璃相	

　　从表 8-37 的计算数据可以看出，高钨电炉锡渣，其 Q 值皆大于 50%，属亚饱和型渣，少部分属饱和型和过饱和型渣。炉渣矿物类型为橄榄石和紫苏辉石，成分式为：$(Fe \cdot Mg \cdot Ca)_2SiO_4$ 和 $(Fe \cdot Mg \cdot Ca)_2SiO_3$，其硅酸度 K 值较高而碱度 B 值较低。

　　经配料烟化处理后所获得的烟化渣，因加入大量碱性物料而使 Q 值、K 值下降，而 B 值升高，大部分炉次的 Q 值皆小于 50%，最高的也小于 60%，为不饱和型渣，小部分属亚饱和型渣，炉渣主要矿物类型为橄榄石，成分式为：$(Fe \cdot Mg \cdot Ca)_2SiO_4$，相对的，其硅酸度 K 值较低而碱度 B 值较高。

　　烟化泡沫渣，Q 值为 97%，是饱和型渣，炉渣主要矿物类型为辉石和玻璃相。由于部分炉次的高钨电炉锡渣，经配料烟化处理时加入的碱性物料不足，致使炉渣 Q 值很高（接近 100%），K 值大而碱度 B 值低，烟化处理时发泡膨胀，产生烟化泡沫渣，作业难以进行。很显然，解决此问题的措施就是在配料时增加碱性物质如 FeO 的加入量，使 Q、K

值降低而碱度 B 值增大，满足液态烟化作业的要求，工业试验中已成功地解决了此问题。

上述计算结果与炉渣实际鉴定出的矿物相相符。值得一提的是由于高钨电炉锡渣中含有钾和氟，因而烟化处理后生成了一种结晶完好的含钾金云母矿物，这是冶金炉渣中少见的矿物相。

高钨电炉锡渣、烟化渣和烟化泡沫渣的化学成分系多元系：$FeO - CaO - MgO - Al_2O_3 - SiO_2$，为便于讨论渣型与结晶相的关系，将多元系简化为三元系：$FeO - CaO - SiO_2$。将渣中该三相的成分换算为 100%，可在 $FeO - CaO - SiO_2$ 三元系平衡图上作图，找出各炉渣的位置，如图 8 - 20 所示。

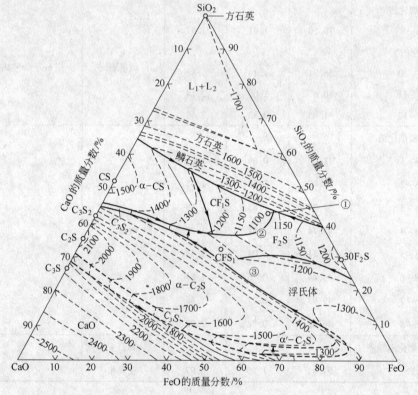

图 8 - 20　$FeO - CaO - SiO_2$ 三元系相图

①—YPS 烟化泡沫渣成分；②—"DS—7"高钨电炉锡渣成分；③—"YS—1"烟化渣成分

图 8 - 20 中，"DS - 7"高钨电炉锡渣的位置，落在橄榄石区的最低熔点区，"YS - 1"烟化渣位置，落在橄榄石区，这是冶炼工艺中比较理想的，处于这个区域的炉渣熔点低，黏度小，有利于炉况顺行，YPS 烟化泡沫渣的位置，落在接近方石英区边缘。

从炉渣的化学组成，矿物相组成及二氧化硅饱和度、硅酸度、碱度，三元素相图等可知，烟化渣属橄榄石型，炉渣中矿物相结晶顺序大致如下：渣中存在一定量的 Al_2O_3，使炉渣以镁、钙、铁为主要成分的硅酸盐中独立出现了首先生成镁、铁为主的尖晶石，然后才是镁、钙、铁硅酸盐的结晶，从高熔点的镁、钙、铁硅酸盐开始，过渡到铁、镁及铁的硅酸盐，从矿物学角度讲，它是由 $2MeO \cdot SiO_2$ 向 $MeO \cdot SiO_2$ 过渡，是从橄榄石

（2MeO·SiO$_2$）型过渡到辉石（MeO·SiO$_2$）型。具体说，金属阳离子减少，非金属络离子增加，随着温度的下降，金属阳离子中二价镁、钙离子减少，形成难熔的高温产物，二价铁离子增加，形成熔点较低的铁酸盐，其他离子如 Ca^{2+}、Al^{3+} 等相对增加，而最后残留下来的熔渣以 FeO·CaO·Al$_2$O$_3$·SiO$_2$ 为主，类似单斜辉石的玻璃相。

烟化渣属高 FeO·CaO·Al$_2$O$_3$·SiO$_2$ 型渣。铝具有两重性，它可以与硅氧形成 FeO - SiO$_2$ 根络离子，也可以为阳离子。当硅量少时代替硅，当硅量多时代替金属阳离子。在烟化渣结晶过程中，除先生成的镁、铁尖晶石外，剩下的 Al$_2$O$_3$，少量进入钙铁橄榄石和铁橄榄石，最后残留在玻璃相中。

烟化泡沫渣属酸性渣，二氧化硅饱和度为饱和型，几乎无结晶相，皆是均质体的玻璃相，这说明渣中的阳离子不足，阴离子过剩，使渣变稠、黏度增大，渣中气体难以排除，造成泡沫和蜂窝状炉渣。渣中唯一的结晶相是在个别渣块中有少量金属铁存在，这是局部还原生成的。

此外，高钨电炉锡渣属亚饱和型渣，少量为饱和型渣，渣中存在较高的 Al$_2$O$_3$，所以首先生成了一定量的镁铁尖晶石，因渣中含有钾、氟，故生成了 10% 左右的含钾云母类矿物相（对"DS-7"电炉渣而言），以后的结晶顺序符合烟化渣规律。

9 锡 精 炼

锡精矿经还原熔炼后产出的粗锡，其一般成分见表 9 - 1。粗锡中含有许多杂质，不能满足工业上的要求，需进行精炼，除去粗锡中的杂质，使其成分达到表 9 - 2 中精锡牌号标准（GB 728—1984），同时，在精炼过程中，有效地回收有价金属，提高金属的综合利用率和降低精炼的成本。

表 9 - 1　粗锡的一般成分

编号	化学成分/%						
	Sn	Fe	As	Pb	Bi	Sb	Cu
1	99.79	0.0089	0.0100	0.0120	0.0025	0.0050	0.0020
2	99.83	0.0144	0.0183	0.0310	0.0030	0.0100	0.0250
3	94.68	1.2500	1.0700	1.1900	0.0500	1.2200	0.2000
4	96.47	0.6150	0.8800	1.3500	0.0200	0.6900	0.3200
5	79.99	3.1100	3.8200	9.0700	0.2950	0.0960	1.2900
6	81.54	3.2500	3.3300	9.1400	0.1840	0.0940	1.0700

表 9 - 2　精锡牌号标准（GB 728—1984）

品　号	代　号	Sn/%（不小于）	杂质/%（不大于）			
			As	Fe	Cu	Pb
高级锡	Sn - 00	99.99	0.0007	0.0025	0.001	0.0035
特号锡	Sn - 0	99.95	0.003	0.004	0.004	0.025
一号锡	Sn - 1	99.90	0.01	0.007	0.008	0.045
二号锡	Sn - 2	99.80	0.02	0.01	0.02	0.065
三号锡	Sn - 3	99.50	0.02	0.02	0.03	0.35

品　号	代　号	杂质/%（不大于）				用　途
		Bi	Sb	S	总和	
高级锡	Sn - 00	0.0025	0.002	0.0005	0.01	
特号锡	Sn - 0	0.006	0.01	0.001	0.05	供制造镀锡产品，含锡合金和其他产品用
一号锡	Sn - 1	0.015	0.02	0.001	0.10	
二号锡	Sn - 2	0.05	0.05	0.005	0.20	
三号锡	Sn - 3	0.05	0.08	0.01	0.50	

粗锡中常见杂质有铁、砷、锑、铜、铅、铋和硫，它们对锡的性质影响较大。

粗锡精炼的方法分为两大类：火法精炼和电解精炼。

9.1 杂质对锡性质的影响

锡精矿还原熔炼产出的粗锡含有许多杂质，即使是从富锡精矿炼出的锡，其纯度通常也不能满足工业上的要求。为了达到标准牌号的精锡，总要进行锡的精炼。在多数情况下，精炼时也还能从锡中回收有价金属，如铟、铋、铜等。

铁：含 0～0.05%，对锡的腐蚀性和可塑性没有明显的影响，铁化合物的生成，能影响锡的硬度。含铁量达到百分之几后，锡中的 $FeSn_2$ 量增大。

砷：砷有毒，包装食品和生活用品的锡箔、镀锡薄板用的锡，含砷量限定在 0.015%以下。砷引起锡的外观和可塑性变坏，增加锡液的黏度。锡中含有 0.055% 砷时，锡硬度增至布氏硬度 8.7，锡的脆性增大，其断面成粒状。

锑：含 0.24%，对锡的硬度和其他机械性能没有显著的影响，但含锑升高到 0.5%时，锡的伸长率降低，硬度和抗拉强度增加，展性不变。

铜：用作镀层的锡含铜越少越好，因为铜不仅形成有毒的化合物，还会降低镀层的稳定性。含有铜约 0.05% 时，会增加锡的硬度、拉伸强度和屈服点。

铅：铅的化合物有毒性，用于马口铁镀锡的精锡，近年要求含铅量更低，最好能低于 0.01%，以保证食品的质量。

铋：含铋 0.057% 的锡，拉伸强度极限 13.72MPa（纯锡为 18.62～20.58MPa），布氏硬度 4.6（纯锡为 4.9～5.2）。

铝和锌：在镀锡中含铝或锌不应大于 0.002%。含锌大于 0.24%，锡的硬度增加 3倍，并降低伸长率。

9.2 粗锡的火法精炼

粗锡的火法精炼包括：熔析法和凝析法除铁、砷；加铝除锑、砷；加硫除铜；结晶分离法除铅、铋；氯化法除铅；加碱金属除铋；真空蒸馏除铅、铋等。

火法精炼锡的过程是由一系列的连续作业组成的，其中每一种作业能够除去一种或几种杂质。火法精炼的优点是生产能力较高，并且不使金属长期停滞在生产过程中，积压的锡量少。特别是离心机除铁、砷和真空蒸馏设备等的研制成功，使火法精炼技术有了很大的发展。离心机可以全自动除去锡锅中的精炼浮渣，而且减少了渣中的含锡量。真空蒸馏设备清洁卫生，劳动强度很低，能从锡中除去铅、铋、砷、锑。我国研制成功的电热连续结晶机除铅、铋，劳动生产率高，金属回收高，生产成本低。此外，火法精炼使杂质能够依次被提取出来，并富集于各种精炼渣中，这为综合回收这些金属提供了条件。

9.2.1 熔析、凝析法除铁砷

熔析法、凝析法除铁、砷等杂质的理论依据是铁、砷等杂质在液态锡中的溶解度随温度变化而改变，并且它们能与锡结合，生成高熔点的金属间化合物。熔析法是将含铁、砷高的固体粗锡加热到锡的熔点以上，锡熔化为液体，高熔点金属化合物仍保持固体状态，使固体从液体中分离出来以除去铁、砷。凝析法是将含铁、砷较低的已熔成液体的粗锡降温，由于溶解度降低，铁、砷及其化合物结晶为固体析出，分离出固体后，得到较纯的液体锡，达到锡与铁、砷分离的目的。

9.2.1.1　熔析法除铁、砷实践

炼锡厂熔析设备主要用反射炉，少数也用电炉。用反射炉作熔析设备，其炉床为斜底，面积较小，熔析作业后期翻渣出渣都不方便，炉内各点温度也不均匀，炉床面积 $10m^2$ 左右为宜。炉床用黏土砖砌成，三面高，向放锡口方向倾斜。有的工厂将炉床分为两个区，温度较高的区域靠近燃烧室，用耐火砖砌成，温度较低的区域靠炉尾一端，用生铁板做成，粗锡先在低温区熔析，而后再扒到高温区处理。

熔析法为间断作业，在反射炉中操作，每个工班处理一炉，也有三个班处理四炉的。出完前一炉熔析渣，炉温尚保持在700℃以上，接着加入下一批乙粗锡。锡锭从侧墙炉门加入，有的也从炉顶加入到炉膛中，靠近火室的一端多加些锡锭，靠炉气出口的一端少加锡锭，使乙锡受热均匀。加完乙粗锡后，炉温下降至300℃，然后逐渐升温，使熔析速度加快。熔析过程到后期，开始翻渣，把料堆底部受热少含锡高的固体料翻到面上，以便升高温度，降低含锡量，炉温相应地提高到800~900℃。当发现熔析渣有变稀的趋势时，应降低炉温，避免生成 Sn-Fe 合金大块，这样才能降低熔析渣含锡，同时又不致给出渣和清炉造成困难。翻渣操作每炉2~3次，当熔析渣变成红色粒状、表面无锡珠，便可出渣。从开始进料到出渣完毕约需4~7h，但遇到处理含砷高而含铁很低的乙粗锡时，因熔析温度不允许升得太快和过高（低于600℃），作业时间则长达8~9h。熔析控制的技术条件主要是温度，云锡一冶的一些操作技术条件见表9-3~表9-5。

表 9-3　铁在锡液中的溶解度数据

温度/℃	232	300	400	500
铁在锡液中的溶解度/%	0.0010	0.0046	0.0240	0.0820
温度/℃	600	700	800	900
铁在锡液中的溶解度/%	0.2200	0.8000	1.6000	2.8000

表 9-4　粗锡中可能存在的化合物及其熔点

化　合　物	熔点/℃	化　合　物	熔点/℃
$FeSb_2$	729℃分解	Fe_2As	931
FeS	1190	$FeAs$	1031
CuS	1135	Cu_3As	827
SnS	881	Cu_2Sb	586℃分解
$SnAs$	605	Cu_3Sb	684℃分解
Sn_3As_2	596		

表 9-5　熔析的粗锡及产物成分

名　称	产物成分/%				
	Sn	Fe	As	Cu	Sb
粗锡 I	84.91	7.95	2.32	0.16	1.59
粗锡 II	82.87	7.49	3.21	0.31	1.93
熔出锡 I	94.71	0.58	0.75	0.13	1.55
熔出锡 II	95.20	0.35	0.72	0.17	1.75
熔析渣 I	46.94	20.22	8.14	0.25	0.90
熔析渣 II	44.79	20.82	9.03	0.21	0.46

9.2.1.2　凝析法除铁砷实践

火法精炼中凝析除铁、砷，加铝除锑、砷和加硫除铜所用的设备都由精炼锅和搅拌机两部分组成。

精炼锅由钢板焊接而成，它比生铁铸件具有许多优点，如制造简单，经久耐用，导热性好，升温、降温容易控制，锅的容量可根据生产规模而定等，目前容量最大的精炼锅为 30～50t，锅面上安装半圆形烟罩，强制抽风，排出精炼产生的气体。锅安装在炉灶上，灶体内为炉栅燃烧室。

搅拌锡液的搅拌机装在车架上，用时运到锅边支稳。有的工厂把搅拌机装在锅边上，作业中锅和搅拌机的配置见图 9-1。根据锅的大小确定搅拌机的动力，容量为 30～50t 的锅，所配电动机功率为 10～14kW，转速为 830～900r/min。

在操作中，有的工厂采用空气、蒸汽吹炼液体锡，采用这种方法时，部分铁与其他杂

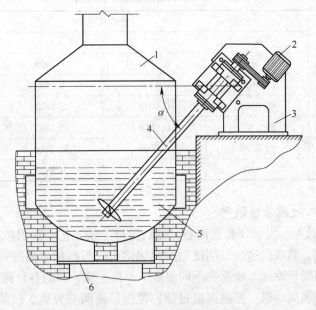

图 9-1　精炼锅搅拌机

1—烟罩；2—电机；3—支架；4—搅拌轴；5—锡锅；6—炉栅

质一起除去，熔锡由沉降桶直接倒入大铸铁锅中，并鼓风或使蒸汽通过熔化的锡，使其"沸腾"，在靠近锅附近的鼓风管或蒸汽管内安装聚水器，因为液态水的任何"液滴"，若被鼓入熔融锡内，将引起猛烈爆炸。在金属表面上有糊状的浮渣生成，捞去浮渣，此外，如马来西亚的三个炼锡厂，由于铅、砷、锑在焙烧时除去，铜、铋含量极少，需要除去的杂质只有铁，因此，只需将反射炉粗锡冷却至 300℃，用浮渣笼取去表面渣，吹入 0.49MPa 的压缩空气，保持温度 400℃，扒渣两次，即得到精锡，全部过程只用 3.5~5h。

我国凝析除铁、砷，采取加锯木屑促使晶体悬浮物与液体锡达到分离。粗锡装锅后，锡液的温度为 280~300℃，观察有无砷、铁化合物结晶析出，如果锡液的温度高，看不到砷、铁化合物结晶析出时，则应降温搅拌，加入适量的锯木屑，捞去浮渣（炭渣），呈现洁净的锡液面。随着温度逐步降低，砷、铁化合物结晶析出逐渐增多，如果粗锡含砷多，含铁很少，则 Sn_3As_2 结晶析出，锡液面上有砂粒状耀眼的粒子，这时降温凝析、搅拌凝聚，投入锯木屑吸附，投入量以不影响漩涡正常为适度，并捞去浮渣。降温、搅拌、加锯木屑、捞去浮渣等工序要多次重复操作。对粗锡含铁、砷相等或铁比砷多的情况，液态粗锡降温冷却时，铁和砷会优先结合，生成 Fe-As 固体化合物，其密度小于锡液的密度，上浮在锡液表面，再加上它们凝聚性强，凝聚成非常黏稠的浮渣，这时开始搅拌并加入锯木屑，促使晶粒凝聚和上浮，锯木屑也增加了这些浮渣的孔隙度，有助锡液滴汇聚增大，穿过浮渣层回到锡液中，上述作业也要反复进行，直到将温度降至锡液熔点附近，强烈搅拌而不再析出渣子，则铁已除到 0.003% 以下，砷达到 0.03% 以下，凝析作业完成。

凝析法加锯木屑除铁、砷的有关粗锡、产物成分列于表 9-6，炭渣率为 2%~5%，炭渣含锡 65%~70%，冶炼耗时 1.5h。

表 9-6 凝析的粗锡及产物成分

名 称	产物成分/%			
	Sn	Fe	As	Cu
粗锡Ⅰ	87.8800	0.1000	1.2000	1.2700
粗锡Ⅱ	87.4600	0.6500	1.3500	1.4000
产出锡Ⅰ	89.0100	0.0015	0.1400	0.1300
产出锡Ⅱ	89.3500	0.0016	0.1500	0.1200
炭渣Ⅰ	82.0500	1.0000	10.8000	1.5500
炭渣Ⅱ	75.8300	0.5150	9.8800	1.2800

9.2.1.3 离心过滤法除铁砷

20 世纪 70 年代初，发展了粗锡离心过滤法除砷、铁工艺，我国在 20 世纪 80 年代中期开始试验和使用，欲取代过去长期使用的粗锡熔析—凝析加木屑搅拌除铁、砷的方法。离心过滤法是应用凝析原理，根据在不同温度下，锡、铁、砷的各种固体化合物开始析出的性质，设计出金属离心机，控制温度过滤，使固、液两相分离，以除去铁、砷等杂质。我国使用的有两类流程，即固体粗锡熔化后凝析和液态粗锡直接凝析。表 9-7、表 9-8 是国内炼锡厂采用离心机过滤除铁、砷的主要技术条件和指标对比。

表 9-7 离心机过滤除铁、砷的主要技术条件及指标

技术条件	柳州冶炼厂			云锡公司第一冶炼厂（YC-CC-I）		
离心过滤器：						
带孔转鼓尺寸/mm×mm	$\phi500\times200$			$\phi500\times200$		
分离因数	3~23					
转速/r·min^{-1}	110~310					
最大提升高度/mm	1000			1250		
提升速度/m·s^{-1}	0.2					
过滤温度/℃：						
粗锡和渣乙锡	520~750			500		
尘乙锡	500~600					
原料成分/%：	Sn	Fe	As	Sn	Fe	As
Ⅰ	92.240	1.850	0.640	67.660	10.530	12.200
Ⅱ	95.720	1.500	0.340	72.780	6.120	5.780
Ⅲ	85.640	5.850	1.130	69.420	6.740	5.230
产品成分/%：	Sn	Fe	As	Sn	Fe	As
Ⅰ	96.520	0.075	0.230	84.730	0.030	0.200
Ⅱ	98.990	0.063	0.220	86.650	0.150	0.144
Ⅲ	98.480	0.340	0.230	83.960	0.061	0.153
渣成分/%：	Sn	Fe	As	Sn	Fe	As
Ⅰ	66.270	12.320	3.820	34.180	24.700	18.700
Ⅱ	54.060	16.090	1.690	31.850	27.300	25.620
Ⅲ	44.460	19.190	1.460	35.660	17.240	18.680
直收率/%	Ⅰ	Ⅱ	Ⅲ	Ⅰ	Ⅱ	Ⅲ
	94.72	94.81	91.44	82.99	87.47	80.89
渣率/%	Ⅰ	Ⅱ	Ⅲ	Ⅰ	Ⅱ	Ⅲ
	5.95	8.59	15.57	33.74	26.23	34.52
脱铁率/%	Ⅰ	Ⅱ	Ⅲ	Ⅰ	Ⅱ	Ⅲ
	96.33	92.04	95.38	99.95	98.96	99.75
脱砷率/%	Ⅰ	Ⅱ	Ⅲ	Ⅰ	Ⅱ	Ⅲ
	67.46	40.48	83.81	99.64	97.54	99.09
金属平衡	Ⅰ	Ⅱ	Ⅲ	Ⅰ	Ⅱ	Ⅲ
	99.00	99.86	99.52	99.95	98.96	99.75

表 9-8 离心机与熔析炉除铁砷的主要技术经济指标对比

名　称	熔析炉	离心机
劳动强度	手工操作，劳动强度大	机械作业，劳动强度小

名　称	熔析炉	离心机
车间粉尘浓度/mg·m^{-3}	2.3～2.5	1.2～1.6
操作人员/人·班$^{-1}$	8	3～6
浮渣产出率/%	35～38	30～35
浮渣含锡/%	36～44.3	<35
金属平衡/%	93.8	>98
脱铁率/%	91～94	>98
脱砷率/%	90～93	>98
锡直接回收率/%	76～80	81～85
浮渣物理性质	块大，需破碎	浮渣松散，不需破碎
1t 原料消耗煤/kg	75	35
生产能力/t·班$^{-1}$	8.0	15

9.2.2　加铝除砷锑

　　粗锡经过熔析法、凝析法除铁、砷后，虽然大部分的砷已除去，但锡中的砷含量大多仍为 0.5% 左右，且含锑量无明显变化，达不到精锡的要求，因而需采用加铝法进一步除砷、锑。加铝除砷、锑的基本原理是铝和砷、锑能生成高熔点化合物，这些高熔点化合物的密度比锡的小，因而能从锡液中结晶析出。加铝除砷、锑作业常在精炼锅中进行，其技术经济指标与粗锡含锑、砷量及生产的精锡牌号有关。

　　加铝除砷、锑在火法精炼流程中有两种情况：一是在结晶、熔析除铅、铋之前，二是在其后，两者对除砷、锑的效果相同，各有利弊。第一种的优点是砷、锑脱除达到标准后，连续结晶机内槽中晶体的硬度和黏度较小，可减轻螺旋器的负荷，晶体和液体的分离条件得到改善，有利于除去铅、铋，同时在加铝除砷、锑后，除残余铝如果操作不仔细，残留下来的铝也会在结晶机内槽中继续氧化造渣而除去，而缺点是，除锑的程度要求低于标准含量，因结晶提纯对锑在晶体中富集，可能使含锑合格的锡在结晶处理后反而不合格。加铝除砷、锑摆在结晶、熔析除铅、铋之后的优点是加铝除锑只需达到精锡标准即可。

　　加铝除砷和加铝除锑的技术条件有所不同，两者的关系是加铝除锑的技术条件对除砷具有同样效果，但加铝除砷的技术条件对除锑没有明显作用。

9.2.2.1　加铝除锑

　　将需要除锑的锡，升温到 380～400℃，根据 Sb∶Al = 1∶1 计算用铝量。铝片先加工成厚 1～2mm，宽 10～20mm，长小于 50mm 的薄片，搅拌锡液产生漩涡，铝片投入漩涡，投入量应不影响漩涡的正常存在，铝片很快融入锡液便和锑化合生成 AlSb。铝片加完后，继续搅拌 20～30min，待作业完成，然后按精炼锅外围水套降温规程进行降温，若生产一号锡（Sn-1），则需降温到 230～235℃，使高熔点的 AlSb 冷凝析出，接着开始加 NH$_4$Cl，为了节约 NH$_4$Cl，搅拌时用小勺缓慢加入，细心观察铝渣的变化，如铝渣已经部分变成散粒并有全部变散的趋势便停止加入 NH$_4$Cl，使铝渣疏松多孔，降低铝渣含锡，且继续搅拌，当渣子变成黑色粉渣时，便开始捞渣。除锑后熔于锡中的剩余铝需要除去，可采用两种方法。

第一种方法为空气氧化法，即将锡升温到300℃以上，强烈搅拌锡液，增加空气与锡液中铝的接触，使铝氧化造渣，同时加入锯木屑促进捞渣，观察锡液表面的颜色，由灰白逐渐变红，最后恢复到锡的本色和光泽为止。

第二种方法是加 NH_4Cl 除剩余铝，其反应为：$4Al + 12NH_4Cl + O_2 \rightarrow 4AlCl_3 + 6H_2O + 12NH_3$。控制温度为 $300 \sim 310℃$ 时搅拌，每吨锡加入 $1.8 \sim 2.5kg$ NH_4Cl，此时渣子很稀，不便捞渣，每吨锡再加入 $0.5 \sim 0.8kg$ 煤粉或 $0.15 \sim 0.2kg$ Na_2CO_3，使渣变稠后捞去，可多次除剩余铝，直到含铝量降到 0.002% 以下为止。

9.2.2.2 加铝除砷

加铝除砷的操作温度、加铝量和造渣与加铝除锑有所不同。将锡液温度升到 $280 \sim 320℃$ 后，根据 $As : Al = 3 : 1$，计算用铝量。加铝操作和除锑时相同，铝加完后继续搅拌 $15 \sim 20min$，接着加锯木屑搅渣和除剩余铝，两者同时进行，至铝渣搅散成粉末状时，剩余铝也除去了，经过处理，砷可除到特号锡（$Sn - 0$）的标准。

9.2.2.3 加铝除砷锑

生产精锡时都必须要加铝除去砷、锑。但可采用上述方法分段处理也可将砷、锑同时除去，这完全取决于加铝数量。对容量 $3 \sim 4t$ 的精炼锅，一次加入的铝量超过 $60kg$，在造渣阶段因渣量多将无法处理浮渣，因此只好分段加铝除砷和加铝除锑，而对于加铝量少于 $60kg$ 者则可同时进行除砷、锑的作业。

加铝量的计算根据砷和锑的含量而不同，对于（$As + Sb$）$< 0.2\%$，（$As + Sb$）$: Al = 1 : 1$；对于（$As + Sb$）$> 0.2\%$，（$As + Sb$）$: Al = 1.5 : 1$。

9.2.3 加硫除铜

加硫除铜的基本原理是基于硫和铜的亲和力大于硫和锡的亲和力，元素硫加入锡液后，溶于锡液中，在强烈搅拌下，锡液中的铜与硫充分结合生成稳定的高熔点硫化亚铜（Cu_2S，熔点 1130℃），硫化亚铜不溶于锡液而浮于液面成为浮渣除去。加硫除铜作业在凝析除铜、铁与加铝除锑、砷之间，并且在同一个精炼锅中进行。

凝析除铁、砷之后，锡液升温至 250℃ 时，搅拌锡液形成漩涡，把硫缓缓地加进漩涡。加硫量根据粗锡含铜量和反应 $2Cu + S = Cu_2S$ 计算，考虑到一部分杂质消耗硫和燃烧损失，应过量 $10\% \sim 20\%$。加硫不可过急过多，否则硫在锡液面上燃烧，会降低硫的利用率，影响除铜效率。硫加完后继续搅拌，使硫在锡液中充分和铜作用生成 Cu_2S，锡液中铜的硫化反应放热，作业温度很快上升到 280℃，能促进反应迅速进行。当浮在锡液表面的浮渣，由黄灰色的黏稠物逐渐变成黑色粉末时，可视为反应结束，此时停止搅拌，捞浮渣（即硫渣）。

加硫除铜的技术经济指标如下：铜渣率 $2\% \sim 5\%$，锡的直接回收率 $97\% \sim 99\%$，除铜率大于 96%，耗硫量为 $0.2 \sim 4kg/t_{粗锡}$，铜渣成分为 Sn $55\% \sim 65\%$，Cu $10\% \sim 22\%$，Fe $0.5\% \sim 2.0\%$，As $1\% \sim 2\%$，S $3\% \sim 6\%$。

9.2.4 结晶分离法除铅铋

粗锡中一般含有铅、铋，结晶分离法除铅、铋是使含铅、铋的粗锡在连续的温度梯度加热和冷却过程中产生晶体和液体,二者逆向运动,铅、铋在晶体中逐渐减少,在液体中逐渐增多,最后使铅、铋集中在液体中,而晶体锡得到提纯。表 9 - 9 是粗锡结晶分离铅、铋的数据。

表 9 - 9　粗锡结晶分离铅、铋的数据

原料成分/%			晶体成分/%			液体成分/%		
Sn	Pb	Bi	Sn	Pb	Bi	Sn	Pb	Bi
86. 30	10. 95	1. 13	92. 40	5. 12	0. 65	80. 22	16. 80	4. 44
85. 73	10. 43	1. 37	87. 02	8. 51	0. 80	80. 63	15. 10	2. 25
77. 85	17. 65	2. 00	88. 65	7. 45	1. 26	69. 73	24. 88	2. 52
77. 85	17. 65	2. 00	82. 80	13. 40	1. 50	74. 22	21. 80	2. 50
73. 48	23. 34	2. 33	82. 70	13. 29	1. 63	63. 95	31. 69	3. 04

目前,采用结晶分离法除铅、铋的主要设备是机械化的结晶分离机或称为螺旋结晶机。根据加热方式的不同,它们又可分为电热机械结晶机(电热螺旋结晶机)和煤热机械结晶机(煤热螺旋结晶机)两类。其主要技术经济指标见表 9 - 10。

表 9 - 10　结晶分离法除铅铋的主要技术经济指标

名　称	电热结晶机	煤热结晶机
结晶机尺寸/m×m	$\phi\,0.68 \times 6$	$\phi\,0.52 \times 4.90$
槽容量/t	3 ~ 4	5 ~ 6
作业时间/h·槽$^{-1}$	连续作业	12 ~ 14
处理量/t·d^{-1}	27	10
螺旋杆转速/r·min^{-1}	0. 67 ~ 1. 50	1. 2
锡直收率/%	96. 9	
铅直收率/%	97	
金属总回收率/%		>99
除铅率/%		97 ~ 99
除铋率/%		96 ~ 97
1t 粗锡能耗	耗电 38.1kW·h	煤耗 5% ~ 6%
精锡产率/%		80 ±
焊锡产率/%		10 ~ 15
渣率/%	2. 7	

连续结晶机主要由螺旋器、电炉体、温度控制和传动机构等组成,其外形结构如图 9 - 2 所示。

螺旋器由扇形叶片交错焊接在无缝钢管的螺旋轴上制作而成。每片扇形夹角120°,三片绕轴一周,焊接在螺旋轴上。扇形叶片之间的距离各不相同,在进料口的部位,冷却结晶产出的晶体量大,扇形叶片之间的距离要大些,进料口上端的叶片距离小些,扇形叶片还与轴向成一定的交角。螺旋器是结晶机的主要部件,它有三个作用:

（1）搅拌合金，减少扩散层厚度，加速热交换和质交换，提高铅、铋和锡的分离效率；

（2）提升晶体，将结晶产出的晶体不断地向温度高的方向提升，使晶体与液体形成逆向运动；

（3）由于螺旋叶片有一定的后倾角，可把晶体压入液体，进行热交换和质交换。

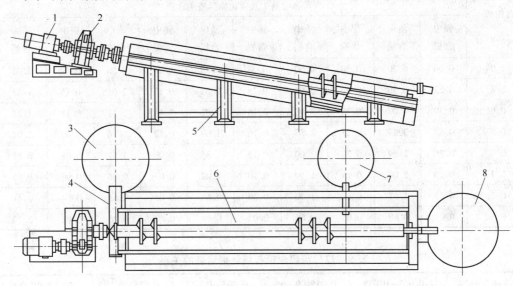

图 9-2 连续结晶机

1—电磁调速电机；2—减速机；3—精锡锅；4—溜槽；

5—机架；6—螺旋轴；7—原料锅；8—焊锡锅

电炉体由内槽、外槽、电阻丝、保温材料等组成。内槽是断面为 U 形的敞开槽，整个精炼在内槽中进行。敞开槽便于观察和检修，同时也便于喷水冷却结晶，用 12mm 厚的钢板卷制而成，生产能力大，内槽的断面就大。外槽也用钢板卷制而成，用于承受保温和耐火材料，电阻丝安放在耐火材料的刻槽内。电阻丝的布置十分重要，分为固定常开负载和调节负载。固定常开负载，即通电后不断电，作为基本供热的电源，容量为 25 ～ 35kW。调节负载，即在生产过程中根据温度的需要，电功率可以调节。这样的布置，宏观上将电炉体分为多个不同温度带，但由于对流和传导传热，实际上从电炉体的尾部（焊锡排放口）到电炉体的端部（精锡出口）形成了一个稳定的温度梯度，从而满足工艺要求。

生产工艺要求连续结晶机的螺旋轴平滑调速，通过调节电动机的转速以满足要求。采用电磁调速异步电动机作为连续结晶机的拖动电机，电磁调速电机减速后，经三级齿轮行星减速器与圆锥齿轮减速后，实现螺旋轴的传动。

9.2.5 氯化法除铅

氯化法除铅的基本原理是基于锡和铅对氯的亲和力不同，在液态粗锡中加入氯化亚锡，发生下列反应：$[Pb] + (SnCl_2) \rightleftharpoons (PbCl_2) + [Sn]$，使铅转变为氯化铅形成浮渣而除去。氯化法除铅作业在精炼锅中进行，氯化剂一般采用浓缩的 $SnCl_2$ 或含结晶水的氯化亚锡。表 9 – 11 是氯化亚锡用量对除铅的影响，表 9 – 12 是粗锡含铅与氯化剂消耗的关系。

表 9 – 11　氯化亚锡用量对除铅的影响

粗锡中含铅/%	加入 $SnCl_2 \cdot H_2O$ 占锡质量分数/%									
	8		10		20		30		40	
	平衡时渣中及氯化物浮渣中含铅/%									
	锡中含铅	渣中含铅	锡中含铅	渣中含铅	锡中含铅	渣中含铅	锡中含铅	渣中含铅	锡中含铅	渣中含铅
1.0	0.66	6.70	0.50	4.90	0.32	3.35	0.24	2.50	0.19	2.01
0.8	0.53	5.30	0.40	3.90	0.26	2.69	0.19	2.01	0.15	1.61
0.6	0.39	4.07	0.30	2.90	0.18	2.02	0.14	1.51	0.11	1.21
0.5	0.33	3.39	0.25	2.50	0.16	1.69	0.12	1.26	0.10	1.01
0.4	0.26	2.69	0.20	2.00	0.13	1.35	0.09	1.61	0.08	0.81
0.3	0.20	2.06	0.15	1.50	0.10	1.02	0.07	0.76	0.06	0.61
0.2	0.13	1.37	0.10	1.00	0.06	0.68	0.05	0.51	0.04	0.41
0.1	0.07	0.68	0.05	0.50	0.03	0.34	0.02	0.25	0.02	0.20

表 9 – 12　粗锡含铅与氯化剂消耗的关系

粗锡含铅/%	0.045 ~ 0.055	0.055 ~ 0.065	0.065 ~ 0.075	0.075 ~ 0.085	0.085 ~ 0.090
1kg 铅的氯化剂用量/kg	70	65	60	55	50
粗锡含铅/%	0.090 ~ 0.100	0.100 ~ 0.120	0.140 ~ 0.150	0.300 ~ 0.500	> 0.500
1kg 铅的氯化剂用量/kg	48	45	40	7	6

9.2.6　加碱金属除铋

该法仅在国外某些工厂使用。我国的炼锡厂皆不使用此种方法除铋。加碱金属除铋常使用的试剂有钙镁和镁钠两种，其除铋的基本原理是基于铋与钙镁等生成的化合物熔点较高、密度较小，不溶于锡而浮到锡液面上，形成浮渣而与锡分离。

一般浮渣成分为（%）：Sn 92 ~ 97，Bi 1.5 ~ 2.0。加碱金属除铋作业在精炼锅中进行，碱金属以镁粉和锡钙合金的形式加入。表 9 – 13 是粗锡加碱金属除铋的钙、镁消耗量。

表 9 – 13　粗锡加碱金属除铋的钙、镁消耗量

粗锡中含铋/%	1t 锡的钙、镁消耗量/kg	
	钙	镁
0.06 ~ 0.12	0.08	0.30
0.12 ~ 0.30	0.10	0.35
0.30 ~ 0.60	0.20	0.50
> 0.60	0.28 ~ 0.30	0.55 ~ 0.60

9.2.7　真空蒸馏法除铅铋

真空蒸馏法除杂质的原理是根据杂质金属的沸点比锡低，蒸气压比锡大的性质，在高温下使金属杂质挥发除去。以铅、铋、锑等为例，在相同温度下，它们的蒸气压比锡大100倍，故在较高温度下，它们将比锡更易挥发，从而达到与锡分离的目的。表9-14是锡和铅在不同合金成分和不同温度下的蒸气压数据。

真空蒸馏法除铅、铋的优点是流程短、金属回收率高，消耗低、生产费用比电解法少，污染程度轻，设备简单，占地面积小。

表9-14　锡和铅在不同合金成分和不同温度下的蒸气压

合金含铅/%	压力名称	蒸气压/Pa			
		1000℃	1100℃	1200℃	1300℃
50	P_{Pb}	98.600	345.200	1006.400	2519.400
	P_{Sn}	0.004	0.027	0.144	1.733
20	P_{Pb}	34.000	118.600	346.600	409.200
	P_{Sn}	0.004	0.037	0.197	2.693
5	P_{Pb}	7.571	39.057	81.313	203.949
	P_{Sn}	0.006	0.041	0.220	2.773
0.1	P_{Pb}	0.157	0.552	1.493	4.026
	P_{Sn}	0.006	0.042	0.227	2.853

目前我国采用真空蒸馏法除铅、铋的设备主要有柳州冶炼厂的自导电热式真空蒸馏炉和云锡公司的内热式多级连续蒸馏真空炉。其技术条件、作业指标和产物成分等见表9-15和表9-16。

表9-15　真空蒸馏法除铅铋的主要技术条件及作业指标

名　称	自导电热式真空蒸馏炉				内热式多级连续蒸馏真空炉			
技术条件	炉内真空度/Pa：<66.66 炉温/℃：1000~1150 作业电压/V：5~10 工作电流/A：2000~3000 蒸发面积/cm²：1250 电流密度/A·mm⁻²：326 铅挥发速率/g·(min·cm²)⁻¹：0.291~0.376 进、排料周期/min：10 每次进料量/kg：14~15 焊锡在高温区停留时间/min：40~50				炉内工作压力/Pa：4.06~2.67 炉温/℃：350~400 作业电压/V：18~20 工作电流/A：3000 炉内发热器容量/kV·A：90~92 冷却水耗量/m³·h⁻¹：2.0~2.5 日处理量/t：4~5，8~10 产品质量/%：Sn>95； 　　　　　　Pb 3.30~4.31； 　　　　　　Bi<0.07			
作业指标	焊锡直收率/%	铅挥发率/%	1t焊锡电耗/kW·h	1t焊锡水耗/t	焊锡直收率/%	铅挥发率/%	铋挥发率/%	1t焊锡电耗/kW·h
	>99	>85	400	18	>99	>90	>90	380~400

表 9-16　真空蒸馏法除铅铋的产物成分

名　称	产　物	产物成分/%						
		Sn	Pb	Bi	As	Sb	Cu	In
自导电热式 真空蒸馏炉	焊锡:	63 ~ 67	33 ~ 36					
	产物:粗锡	94 ~ 96	2 ~ 5	0.05 ~ 0.09		0.2 ~ 0.3		
	粗铅	0.6 ~ 1.2	98.0 ~ 98.5	1.20 ~ 1.90				
内热式多级 连续蒸馏 真空炉	原料:焊锡 I	65.55	33.50	0.417	0.133	0.118	0.154	0.020
	产物:粗锡 I	95.74	3.62	0.069	0.114	0.133	0.307	0.026
	精锡 I	99.56	0.37	0.009	0.076	0.050	0.029	
	原料:焊锡 II	33.36	65.31	0.166	0.130	0.210	0.205	0.002
	产物:粗锡 II	95.28	3.93	0.055	0.076	0.050	0.029	0.016

真空技术用于锡的精炼,在过去 20 年中得到了迅速发展,现在国内外各个炼锡厂几乎都应用该项技术,主要是锡的真空精炼有一系列的特点:

(1) 金属回收率高。真空精炼主要用于除去粗锡中的铅、铋、砷、锑、铟等杂质元素。除去上述元素,在目前的精炼技术中有四种方法:

1) 加剂法,即加入试剂除去其中杂质,如加氯化亚锡除铅,加钙镁合金除铋,加铝除砷、锑;

2) 电解法,粗锡电解能除去上述杂质;

3) 熔析结晶法,即采用连续结晶机除去铅、铋和铟,但不能除砷、锑;

4) 真空精炼法。

各个冶炼厂根据自身的粗锡成分,设备条件,有选择地采用上述四种方法,但锡的回收率是不同的。

四种方法锡的回收率列于表 9-17,真空精炼锡的直收率和锡的冶炼回收率均比其他方法高,而且真空法在脱除铅、铋的同时,还可脱除部分砷、锑和铟。

表 9-17　四种除杂质方法锡的回收率比较　　　　　　　　　　　　　（%）

名　称	加剂法	电解法	熔析结晶法	真空精炼法
锡的直接回收率	92 ~ 95	76 ~ 80	96 ~ 97	97
锡的直接回收率	97 ~ 98	98 ~ 99	98 ~ 99	99.8

(2) 作业条件好。真空炉作业在密闭容器内进行,实行自动控制,产出的渣、气都很少,有利于环境保护。

(3) 原料适应范围宽。如采用电解精炼,对原料的铅、铋有限制范围,例如含铅最好小于 2% ,含铋小于 0.5% ,否则易引起阳极钝化。加剂法对原料铅、铋含量则要求更低。结晶法虽然对原料含铅、铋的含量没有限制,但含砷、锑高时也不利于作业。真空法不仅仅可用于粗锡精炼,我国冶炼厂主要用于处理焊锡,甚至用于处理含 10% ~ 20% Sn,

含 78% ~ 89% Pb 的锡铅合金也取得了较好的结果。

9.3　锡的电解精炼

9.3.1　概述

通常，粗锡多采用火法精炼。对于含锡高、杂质含量低的粗锡，用火法处理容易得到合格产品，且有较高的回收率，成本也比较低，但对那些含杂质高的粗锡，火法处理工序多，渣量增大，锡直收率下降，粗锡中有价金属分散入渣，回收这些金属较难，而且劳动条件不好，环保差。

电解精炼同火法精炼比较，具有以下特点：作业流程短，它可以在一次作业中几乎将全部杂质除去，产出纯度很高的锡产品；粗锡中的杂质，除铟、铁外，全部进入阳极泥，有用金属富集程度高，回收这些金属比较容易；电解工序只产一种精炼渣（阳极泥），数量少，所以锡的回收率较高；精炼过程容易实现机械化。但电解精炼也存在一些缺点，如产品在生产过程中滞留的时间长，锡的周转速度缓慢，积压的锡金属多；投资费用高，因而其发展受到限制。

一般认为，含杂质铋、锑和贵金属金、银等多的粗锡，多选用电解精炼，反之，用火法精炼。

电解液的选择：经试验和生产实践，锡的可溶性盐类只有少数几种可以配制电解液，要真正用于工业生产，应根据以下要求进行选择：

（1）粗锡应脱除杂质的类别及其含量的高低和生产出产品纯度的等级，是选择电解液类别和成分的首要条件；

（2）电解液应对锡盐具有较大的溶解度，而不溶解或少溶解杂质，能与杂质生成不溶的盐类，能与杂质生成复合离子，且在阴极不放电析出；

（3）所选电解液必须具有氢离子在其中超电压大，保证锡优先在阴极上析出，还应具有氢氧离子不在阳极放电的性质，以免生成碱式盐，引起阳极钝化；

（4）使用的电解液应获得平整致密的阴极锡，防止阴极结晶脱落及短路；

（5）电解液应具有良好的导电性，以降低电能消耗；

（6）电解液的化学性质应该稳定，不致分解生成对电解不利的物质，影响电解的顺利进行，或分解生成对人体有害的气体；

（7）供应方便，价格低廉。

从 20 世纪初锡电解精炼应用至今，所使用的电解液可概括为酸性电解液和碱性电解液两大类。属于酸性电解液的有：硫酸盐电解液（即硫酸 – 硫酸亚锡 – 磺酸盐电解液）、盐酸盐电解液（即氯化物电解液）、硅氟酸盐电解液等；属于碱性电解液的有硫代锡酸盐（Na_4SnS_4 – Na_2S）和苛性碱锡酸盐（Na_2SnO_3 – $NaOH$）等。酸性电解液和碱性电解液各有优缺点，普遍认为，酸性电解液宜处理含杂质较低的粗锡，而碱性电解液可以处理成分较复杂的粗锡，但工业生产上大多采用酸性电解液。

酸性和碱性电解液相比较，主要有以下优点：

（1）电解液的化学性质比较稳定，基本上不受外界影响，可长期使用；

（2）电解液为二价锡离子放电，节约电能；

（3）生产成本比较低，酸性电解费用只为碱性电解费用的 1/2 ~ 1/3。

酸性电解液也有不足之处，除了对原料粗锡含杂质要求较严外（如铁、锌、铟等），大多数酸性电解液在常温条件下，有产生树枝状阴极锡结晶的趋势，尤其在盐酸盐电解液中特别明显。为了阻止产生树枝状阴极锡结晶，最常用的是加入有机物添加剂，诸如动物胶（牛胶）、芦荟素、β-萘酚等。所有这些物质加入电解液中，维持一定范围的含量都呈现表面活性物质的作用。

锡的电解精炼与火法精炼相比，具有以下一些特点：流程较为简单，能在一次作业中除去多种杂质，产出纯度很高的锡产品；有用金属富集程度高，粗锡中的杂质，除铟、铁外，几乎都进入阳极泥，回收这些金属较容易；锡的直收率高，电解精炼仅产出一种精炼渣——阳极泥（进入的锡约6%），而火法精炼入浮渣的锡约为13%；劳动条件较好，工艺过程可实现机械化。但电解精炼使锡大量积压在生产过程中，周转慢，投资费用较高。通常，粗锡多采用火法精炼，但对一些含杂质铋、锑和贵金属金、银等较高的粗锡，多选用电解精炼，或将火法精炼和电解精炼同时使用。

9.3.2　粗锡电解精炼

粗锡的电解精炼分为酸性电解精炼和碱性电解精炼。

酸性电解精炼使用较多，其电解液又可分为硫酸盐电解液（即硫酸—硫酸亚锡—磺酸盐电解液）、盐酸盐电解液（即氯化物电解液）和硅氟酸盐电解液等。

碱性电解精炼使用较少，其电解液有硫代锡酸盐（$Na_4SnS_4 - Na_2S$）电解液和苛性碱锡酸盐（$Na_2SnO_3 - NaOH$）电解液等。

粗锡中除含主金属锡外，还含有杂质元素，如锌、铁、铟、铅、铋、锑、砷、铜、银等，表 9-18 是粗锡中各主要元素的标准电极电位 $\varepsilon^{\ominus}$。

表 9-18　粗锡中各主要元素的标准电极电位 $\varepsilon^{\ominus}$

电 极	Zn^{2+}/Zn	Fe^{2+}/Fe	In^{3+}/In	Sn^{2+}/Sn	Pb^{2+}/Pb	H^+/H_2
$\varepsilon^{\ominus}/V$	-0.763	-0.440	-0.340	-0.136	-0.126	0
电 极	Sb^{3+}/Sb	Bi^{3+}/Bi	As^{3+}/As	Cu^{2+}/Cu	Ag^+/Ag	
$\varepsilon^{\ominus}/V$	+0.100	+0.200	+0.300	+0.340	+0.800	

含锡电解液中的电解质在其水溶液中将离解为相应的正、负离子，例如：

在硫酸盐酸性电解液中，将离解为 Sn^{2+}、SO_4^{2-}、H^+、OH^- 等离子；

在硅氟酸盐酸性电解液中，将离解为 Sn^{2+}、SiF_6^{2-}、H^+、OH^- 等离子；

在氯化物酸性电解液中，将离解为 Sn^{2+}、Cl^-、H^+、OH^- 等离子；

在硫代锡酸钠碱性电解液中，将离解为 Na^+、SnS_4^{4-}、S^{2-}、H^+、OH^- 等离子；

在锡酸钠碱性电解液中，将离解为 Na^+、H^+、OH^-、$Sn\{OH\}_6^{2-}$ 等离子。

锡电解精炼过程中，在阴极和阳极间通电时，阴、阳极将发生不同的反应，任何能够得到电子的还原反应都可能在阴极发生，反之，任何能够失去电子的氧化反应都可能在阳极上发生。

在阴极上发生的主要反应有：

$$Sn^{2+} + 2e \longrightarrow Sn \qquad \varepsilon^{\ominus} = -0.136V$$

$$H_3O^+ + e \longrightarrow 1/2H_2 + H_2O \text{（酸性电解液）} \qquad \varepsilon^{\ominus} = 0.000V$$

$$H_2O + e \longrightarrow 1/2H_2 + OH^- \text{（碱性电解液）} \qquad \varepsilon^{\ominus} = -0.828V$$

$$O_2 + 2H_2O + 4e \longrightarrow 4OH^- \text{（碱性电解液）} \qquad \varepsilon^{\ominus} = -0.828V$$

$$Sn^{4+} + 2e \longrightarrow Sn^{2+} \qquad \varepsilon^{\ominus} = +0.150V$$

$$SnS_4^{4-} + 4e \longrightarrow Sn + 4S^{2-} \text{（碱性电解液）} \qquad \varepsilon^{\ominus} = -0.700V$$

$$Sn(OH)_6^{2-} + 4e \longrightarrow Sn + 6OH^- \text{（碱性电解液）} \qquad \varepsilon^{\ominus} = -0.920V$$

在阳极上发生的主要反应有：

$$Sn - 2e \longrightarrow Sn^{2+} \qquad \varepsilon^{\ominus} = -0.136V$$

$$Sn + 6OH^- - 4e \longrightarrow Sn(OH)_6^{2-} \text{（碱性电解液）} \qquad \varepsilon^{\ominus} = -0.920V$$

$$Sn + 4S^{2-} - 4e \longrightarrow SnS_4^{4-} \text{（碱性电解液）} \qquad \varepsilon^{\ominus} = -0.700V$$

$$2H_2O - 4e \longrightarrow O_2 + 4H^+ \text{（酸性电解液）} \qquad \varepsilon^{\ominus} = +1.229V$$

$$4OH^- - 4e \longrightarrow O_2 + 2H_2O \text{（碱性电解液）} \qquad \varepsilon^{\ominus} = +0.401V$$

$$Sn^{2+} - 2e \longrightarrow Sn^{4+} \qquad \varepsilon^{\ominus} = +0.150V$$

$$Fe^{2+} - e \longrightarrow Fe^{3+} \qquad \varepsilon^{\ominus} = +0.771V$$

$$2Cl^- - e \longrightarrow Cl_2 \qquad \varepsilon^{\ominus} = +1.358V$$

影响粗锡电解精炼的主要因素有面积电流密度、温度、搅拌强度、电解液成分、添加剂等。考核电解精炼效果的主要指标有槽电压、电流效率、电耗、回收率、残极率、各种单耗等。表 9-19 是我国某炼锡厂采用硫酸亚锡—甲酚磺酸—硫酸电解液，对粗锡电解精炼时的主要控制条件和技术经济指标。表 9-20～表 9-22 是粗锡电解时锡的分布、杂质分布和电解产物阴极锡的化学成分。

表 9-19　粗锡电解精炼时的主要控制条件和技术经济指标

电解液类型	硫酸亚锡—甲酚磺酸—硫酸电解液
电解液成分 /g·L^{-1}	Sn^{2+}: 20～30；甲酚磺酸: 18～22；Sn^{4+}: <4；Cr^{6+}: 2.5～3.0；$Sn_{总}$: 23～33；乳胶: 0.5～1.0；游离硫酸: 60～70；β-萘酚: 0.04～0.06；总酸: 85～90
技术条件	槽电压/V: 0.2～0.4；面积电流/A·m^{-2}: 100～110；电解液温度/℃: 35～37；电解液循环方式: 上出下进，循环量为 5～7L/min；电解周期: 阴极 4 天，阳极 8 天
主要技术指标	电流效率/%: 70～80；阳极泥率/%: 2.5～3.5；残极率/%: 35～40；冶炼回收率/%: 99.5
1t 产品消耗	甲苯酚/kg: 5.4～8.2；β-萘酚/kg: 0.2～0.4；乳胶/kg: 0.50～1.00；氯化钠/kg: 1.8～3.4；铬酸钾/kg: 1.3～2.7；硫酸/kg: 30～42；煤耗/kg: 300；直流电耗/kW·h: 140～180；综合电耗/kW·h: 376～410；水耗/t: 150～180

表 9-20　粗锡电解时锡的分布

投入/%		产出/%	
阳极板	97.74	阴极板	66.57
电解液	1.24	残电解液	1.35
隔膜阳极板	1.02	残阳极板	30.41
		阳极泥	0.73
		阳极渣	0.68
		损失	0.26
合　计	100.00	合　计	100.00

表 9-21　粗锡电解时杂质的分布

电解产物	杂质成分/%					
	Pb	Bi	Cu	Fe	As	Sb
阴极锡	0.60	0.70	0.80	5.00	4.70	9.00
阳极泥	97.00	97.00	95.00	81.00	93.00	83.00
电解液	1.00	0.05	0.50	10.00	0.30	6.00
其　他	1.40	2.25	3.70	4.00	2.00	2.00
合　计	100.00	100.00	100.00	100.00	100.00	100.00

表 9-22　粗锡电解产物阴极锡的化学成分

编　号	化学成分/%						
	Sn	Pb	Bi	Fe	Cu	As	Sb
1	99.984	0.0063	0.0023	0.0025	0.0011	0.0008	0.0008
2	99.950	0.0075	0.0093	0.0019	0.0010	0.0060	0.0040
3	99.980	0.0100	0.0010	0.0050	0.0020	0.0005	0.0008

9.3.3　焊锡电解精炼

焊锡电解精炼时，采用的电解液由 $SnSiF_6 - PbSiF_6 - H_2SiF_6 - H_2O$ 溶液组成，并加入一定的添加剂，用粗焊锡做阳极，合格焊锡做阴极的始极片。生产中的电解液用两种方法制备，一种是用硅氟酸溶解氧化亚锡和氧化铅制取，另一种是用硅氟酸浸出锡氧化渣制取。表 9-23 列举了国内某些锡冶炼厂的生产实践数据。

表 9-23　国内某些锡冶炼厂焊锡电解精炼的生产实践数据

名　称	广州冶炼厂	云锡一冶	鸡街冶炼厂
电解液类型	$SnSiF_6 - PbSiF_6 - H_2SiF_6$ 电解液	$SnSiF_6 - PbSiF_6 - H_2SiF_6$ 电解液	$SnSiF_6 - PbSiF_6 - H_2SiF_6$ 电解液

名 称	广州冶炼厂	云锡一冶	鸡街冶炼厂
电解液成分 /g·L⁻¹	Sn^{2+}：2.85~9.40； Pb^{2+}：3.00~10.00； H_2SiF_6（总）： H_2SiF_6（游）：61~115； HBF_4：10~15； 牛胶：0.15； β-萘酚：0.004	Sn^{2+}：4.00~32.96； Pb^{2+}：6.36~53.32； H_2SiF_6（总）：114~158； H_2SiF_6（游）：40~82	Sn^{2+}：10.00~25.00； Pb^{2+}：20.00~30.00； H_2SiF_6（总）：150~180； H_2SiF_6（游）：120~140
杂质金属 /g·L⁻¹		As≤0.160；Sb≤0.015； Bi≤0.010；Cu≤0.070； Fe≤6.000	As：0.514；Sb：0.044； Cu：0.007；Zn：0.025； Fe：0.630
阳极成分 /%	Sn：50.62~53.68； Pb：40.53~36.45； Bi：10.92~5.25； As：4.10~2.15； Sb：3.30~2.15； Cu：1.00~0.40； Fe：0.10~0.01； Ag：0.15	Sn：85.14； Pb：13.97； Bi： As：<0.05； Sb： Cu： Fe：<0.01； Ag：	Sn：24.10~55.68； Pb：73.40~42.04； Bi： As： Sb： Cu： Fe： Ag：
技术条件	槽电压/V：0.25~0.45； 面积电流/A·m⁻²：87~115； 电解液温度/℃：33~35； 电解液循环量/L·min⁻¹：3.6~4.3； 阳极周期/d：3~4； 阴极周期/d：6~8	槽电压/V：0.25~0.35； 面积电流/A·m⁻²：100~140； 电解液温度/℃：16~35； 电解液循环量/L·min⁻¹：15~20； 阳极周期/d：4	面积电流/A·m⁻²：80~120； 电解液循环量/L·min⁻¹：15~20； 阳极周期/d：4
主要技术指标	电流效率/%：89~94； 冶炼回收率/%：98.0	电流效率/%：58~91； 阳极泥率/%：3~5； 冶炼回收率/%：99.2	电流效率/%：90~94； 阳极泥率/%：6.07； 残极率/%：55 冶炼回收率/%：98.5
1t产品消耗		β-萘酚/kg：10.24； 牛胶/kg：600； 酸耗/kg：10.27； 电耗/kW·h：292	β-萘酚/kg：3； 牛胶/kg：150； 酸耗/kg：12.61； 电耗/kW·h：351

名 称	广州冶炼厂	云锡一冶	鸡街冶炼厂
阴极产物 成分/%	Sn：61.54 ~ 63.03； Pb：38.21 ~ 33.80； Bi：0.012 ~ 0.025； As：0.012 ~ 0.013； Sb：0.004 ~ 0.005； Cu：0.006； Fe：0.008 ~ 0.010	Sn：83.50 ~ 84.18； Pb：15.20 ~ 15.56； Sb：< 0.003	Sn（Pb）：≥99.5； Bi：≤0.004； As：≤0.008； Sb：≤0.040； Cu：≤0.002； Fe：≤0.001； Al：≤0.005； Zn：≤0.005
阳极泥成分/%			Sn：30 ~ 40； Pb：18 ~ 21； Bi：3 ~ 12； As：3 ~ 8； Sb：4 ~ 7； Cu：3 ~ 8； Ag：1.2 ~ 3.5

9.3.4 国外粗锡的精炼

国外炼锡厂对粗锡的精炼，以火法精炼为主，也有的厂家采用电解精炼。表 9 - 24 是国外部分炼锡厂粗锡精炼的方法和指标。

表 9 - 24 国外部分炼锡厂粗锡精炼的方法和指标

厂 名	精炼方法和指标
玻利维亚 文托炼锡厂	采用火法精炼与电解精炼。 火法精炼：采用离心机除铁；除铁后含锡98%、含铁小于0.22%、含砷、锑小于0.60%的大部分粗锡铸成阳极进行电解精炼。一部分粗锡在除铁后继续用火法精炼除杂质，即加硫除铜、加铝除砷锑、加氯化亚锡除铅、电热连续结晶机分离铅铋、真空蒸馏法精炼等，产出精锡。 电解精炼：采用硫酸、甲酚、苯酚磺酸电解液，其成分为（g/L）：H_2SO_4 100，Sn^{2+} 8 ~ 10，Sn^{4+} 1.5 ~ 2.5，胶 250mg/L。操作时控制电解液温度40℃，pH值0.5，面积电流90A/m^2，槽电压0.17V，残极率30%，生产两种电锡，成分分别为含锡99.95%和99.85%。电流效率90%，吨锡电耗187kW·h
俄罗斯新西伯利亚 炼锡厂	采用火法精炼。精炼锅为50t、30t、15t三种，全部采用电加热。粗锡精炼以离心过滤和真空蒸馏为基础，即离心过滤除铁砷，真空蒸馏除铅、铋、铟和锑，加试剂精炼除砷等
秘鲁冯苏尔 炼锡厂	采用全火法精炼工艺。还原熔炼过程中产出的粗锡先被铸成大块锡锭，粗锡锭首先在由炉顶进料的反射炉型熔析炉中做熔析处理，经熔析处理后的熔粗锡送入精炼锅按常规精炼方法分别脱除砷、铁、铜、锑等杂质，再用连续结晶机脱去铅和铋，最终产出含锡大于99.95%的精锡
印度尼西亚 佩尔蒂姆炼锡厂	采用常规火法精炼工艺。降温搅拌加入锯木屑，然后鼓入空气凝析除铁，并利用离心除渣机清除凝析除铁浮渣、加硫除铜、加铝除砷锑、连续结晶机除铅、铋。产出精锡成分为（%）：Sn 99.935，Fe 0.0063，Pb 0.0285，Cu 0.0024，Bi 0.0027，As 0.0130，Co 0.0010，Ni 0.0042，Zn 0.0002，Cd 0.0002

10   有价金属回收及锡再生

10.1   钽铌钨的回收

含有钽、铌、钨的锡矿石是较多的，特别是砂锡矿，这种锡精矿在冶炼过程中产出的炉渣，往往含有相当数量的钽、铌、钨并以五氧化物和三氧化物的形态存在于炉渣中，是回收钽、铌的原料。

锡精矿经还原熔炼后，钽、铌、钨富集于炉渣中，某钽、铌、钨混合精矿及炉渣的成分见表 10-1。

表 10-1   钽、铌、钨精矿及炉渣成分

成分/%	Ta_2O_5	Nb_2O_5	WO_3	Sn	Fe	Si	Ca	As
精矿	7.3~9.3	8~9	36~41	4.7~5.5	12	18	0.1	0.05~0.16
炉渣	4~6	3~4	5.58	5.18	9~13	13~23	4	0.01

由表 10-1 可知，钽、铌含量低，含钨较高，锡含量也具有回收价值，因此，在回收钽、铌前，首先回收钨并脱除物料中的杂质，以富集钽、铌品位。

10.1.1   钨的回收

回收钨的工艺流程如图 10-1 所示。

钽铌钨混合精矿、炼锡炉渣、纯碱和木炭按一定比例配料后，在球磨机中将物料磨至粒度为 -100 目的大于 95%，磨好后的物料在 500mm×6000mm 回转窑中烧结焙烧，作业温度为 850~950℃，使物料中的钨、锡、硅、砷等元素的氧化物生成可溶于水的钠盐，而钽、铌生成不溶于水的钽、铌酸钠。

10.1.2   钽铌的回收

钽、铌回收物料经焙烧、水浸回收钨后得出的浸出渣（滤饼）用于回收钽、铌，其工艺流程如图 10-2 所示。

由于浸出渣中含硅、锡高，需进一步脱出。按液固比 6:1 加入浓度为 7%~9% 的盐酸搅拌浸出，硅呈硅酸进入溶液，迅速过滤脱除硅，滤渣再进行酸浸，按液固比 6:1 加入浓度为 12%~15% 的盐酸，在大于 90℃ 的酸中煮 2h，锡进入溶液，过滤后溶液含锡 6~12g/L，经铁屑置换锡后，再电积回收锡，在阴极产出含 Sn 75%~85% 的电积锡。

钽、铌富集物用 HF、H_2SO_4 分解，硫酸的存在有利于提高钽、铌的分解率，其他元

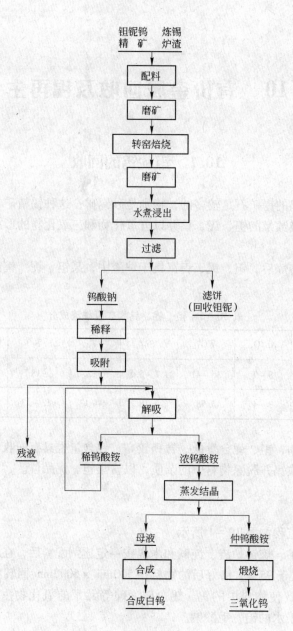

图 10 - 1　钨回收工艺流程图

素的分解则是 HF 和 H_2SO_4 作用的总和，同时生成的稳定硫酸盐不易被萃取，这也有利于钽、铌和其他元素的分离。

10.2　硬头处理及金属回收

硬头的成分以铁和锡为主，并含有较高的砷。由于砷和铁的亲和力大，能生成稳定的化合物，砷的存在促使了硬头的生成，故物料中含砷越高，硬头的产出率就越大。处理硬

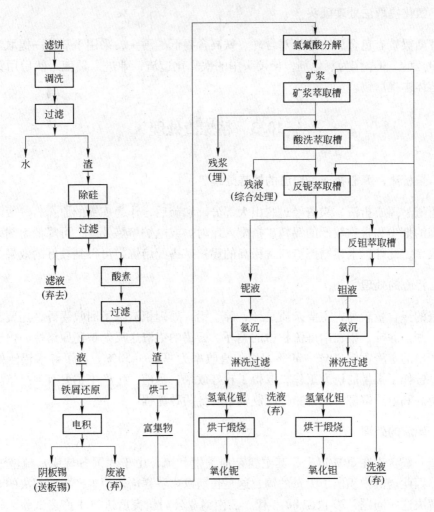

图 10 - 2 钽、铌回收工艺流程

头的目的是回收锡并脱除砷,以消除其在流程中的循环,根据硬头的物理化学性质,已知的硬头处理方法可分为两类,一类属于氧化过程,另一类则是根据铁、锡在铅、硅中溶解有限的原理制定的方法,目前工业上使用的处理含砷硬头的方法为氧化与提取的综合方法。

10.2.1 烟化法处理硬头

云锡将含锡 30% 以下的硬头,部分地加入烟化炉中和富渣一起硫化挥发处理,硬头中铁成为氧化物入渣,锡以 SnS 的形态挥发。

操作时,当烟化炉中炉料全部熔化后开始加硬头,加入量占入炉渣重的 3% ~ 4%,炉渣硅酸度高时,可多加,有时可加到 16%,同样能得到好的挥发指标,但必须注意,一次加入的硬头不能过多,以免其沉积于炉底,因为硬头沉积后很难翻动,易形成炉缸结块,硬头的粒度需小于 100mm。

10.2.2　氧化提取法处理硬头

俄罗斯梁赞有色金属冶炼厂对含砷、铁高含锡低的硬头，采用了氧化—提取工艺，即用 Na_2SO_4 和 $CaSO_4$ 作为氧化剂，使硬头中的铁氧化造渣，砷进入砷锍，然后用铅从炉渣和金属熔体中提取锡。

10.3　精炼渣处理

10.3.1　熔析渣、离心析渣、炭渣的熔炼处理

熔析渣、离心析渣、炭渣经过脱出大部分砷和硫后，作为炼锡的原料，一般是与含二氧化硅高的烟尘和含铁较低的锡精矿搭配入反射炉或电炉熔炼处理，可降低熔剂率，提高锡的直收率，此外，上述精炼渣与含铅高的锡精矿搭配熔炼，可得到较好的效果。

10.3.2　铝渣的处理

铝渣的锡含量较高，主要杂质是锑、砷、铝，处理铝渣除了回收锡外，还要考虑综合利用锑，并消除砷、铝在冶炼流程中的循环。云锡的铝渣送反射炉还原熔炼，由于物料熔点高，产出的富渣含锡 20%～30%，锡的直收率为 40%～50%。为了寻求铝渣处理的合理工艺，曾作了大量的研究工作，取得了较好效果，目前，生产中主要有苏打焙烧—溶浸—电炉熔炼和电炉熔炼—粗锡精炼配制轴承合金两种流程。

10.3.3　硫渣的处理

硫渣一般含锡在 60% 以上，其主要杂质为铜和硫，由于我国各炼锡厂硫渣的数量逐年上升，因此硫渣中积压了大量的锡，这是长期以来各锡冶炼厂生产中要解决的难题。为了有效解决这一问题，20 世纪 80 年代，云南锡业公司研究所进行了许多试验，先后采用硫渣硫酸化焙烧—酸浸、氧化焙烧—酸浸、氧化焙烧—氨浸、造锍熔炼、三氯化铁浸出、碱性熔炼—电解、隔膜电解—氧化焙烧—酸浸等流程，当前生产中主要使用的是隔膜电解—氧化焙烧—硫酸浸出生产硫酸铜和硫渣浮选—焙烧—酸浸生产硫酸铜的流程。

10.4　电解阳极泥处理

10.4.1　粗锡硫酸甲酚磺酸电解阳极泥的处理

粗锡用硫酸—甲酚磺酸—硫酸亚锡电解精炼后，所产阳极泥中的锡、铅、铋、铜、锑主要呈硫酸盐及金属状态存在，处理这种阳极泥，首先采用氧化焙烧使锡成为不溶于各种酸的氧化锡，而铜成为易溶于酸的氧化铜，焙砂中的铋、铅不进入溶液，所得残渣再用盐酸浸出铋，铅、锡不进入溶液，最后剩余的残渣还原熔炼成铅—锡合金。其工艺流程如图 10-3 所示。

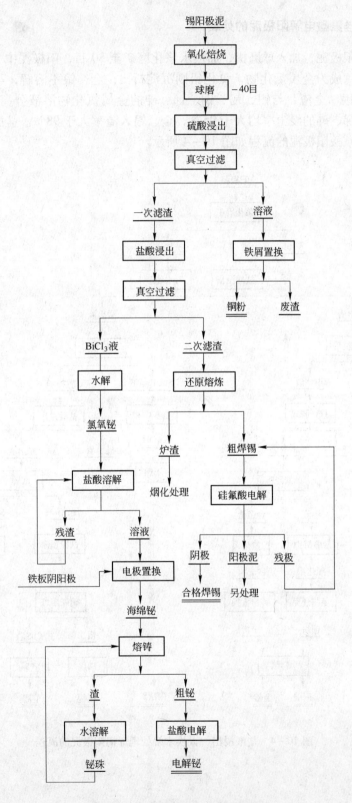

图 10-3　粗锡电解阳极泥处理流程

10.4.2　焊锡硅氟酸电解阳极泥的处理

　　把堆存的阳极泥，加入球磨机，加热水浆化磨矿至80目，阳极泥中大多数金属，易溶于热盐酸中，成为金属氯化物，氯化铅则沉淀析出，金、银不溶解，与氯化铅一起沉淀，形成铅、银、金渣，与锡、铋、铜、锑、砷的金属氯化物溶液分离。盐酸浸出时，锡、铋、铜、锑、砷的浸出率均大于95%，金、银入渣率大于98%。盐酸浸出—置换水解处理焊锡硅氟酸阳极泥的流程如图10-4所示。

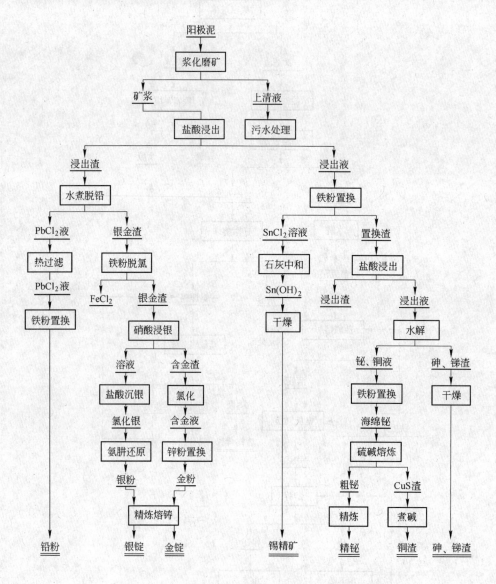

图10-4　盐酸浸出—置换水解处理焊锡阳极泥的流程

10.5　铟的回收

由于铟的化学性质，锡冶炼时，铟广泛分布于各工序产品中。与不易挥发的金属，如锡和铜共存时，铟趋向于富集在烟尘中；与挥发性金属，如锌和镉共存时，铟趋向于富集于残渣或炉渣中；而与铅共存时，则分散在各个产品中，因此，铟的回收率始终很低。

为了回收铟，云锡一冶曾经插定铟在锡冶炼流程中的走向及分布，其结果是：在还原熔炼时，原料中约有 50% 的铟进入烟尘，有 30% 的铟进入粗锡，因此，炼锡厂通常从粗锡或烟尘中回收铟，图 10–5 所示为铟回收的生产工艺流程。

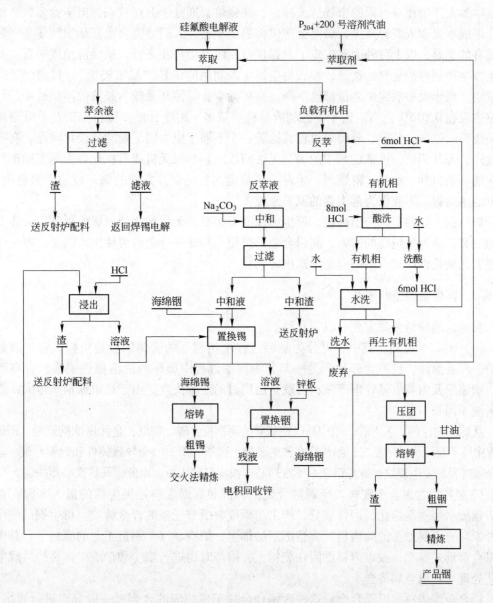

图 10–5　铟回收的生产工艺流程

10.6 锡 再 生

10.6.1 概述

尽管锡的年产量及贸易都无法与其他常用有色金属相比，然而，锡对于当今社会发展和科技进步却是必不可少的，其用途广泛，但用量不大，市场有限。锡的储量低，在地壳中平均含量仅为百万分之二，而且分布相对集中于发展中国家，但锡的主要消费国却是在相对缺锡的发达国家。虽然世界产锡国已经历了结构性调整，新兴产锡国以其富矿资源、低成本加大产量而对有限的市场造成冲击，使锡价长期处于低迷状态，但毕竟多数产锡国的开采成本提高或资源减少，最终会使供需趋于平衡，人们终究会重新认识到锡是一种较为稀有的金属。以上种种因素决定了对锡进行回收再生势在必行，从经济角度来看，如果原生锡生产利用的是自然资源，那么再生锡生产利用的则是"城市资源"，目的都是为了提取锡。当今大多数锡矿品位都已下降，富矿稀少，即使开采较为经济的冲积砂矿，其锡品位也仅在 0.015% 左右。由于锡的制成品种类繁多、用途分散，锡再生工业不可避免地遇到废料的收集、分类、分离等过程，这是一个不同于原生锡工业的社会化问题。有些锡的应用，究其用途，可推定其中的锡是无法回收的，如以无机或有机化合物形态用于制造防腐剂、杀虫剂、涂料、阻燃剂、牙膏、热稳定剂、陶瓷等方面的锡，或用于黑色冶金、干电池中的锡，不能作为再生锡的原料来源。

再生锡工业并非都产出纯锡，再生纯锡既无必要又无优越之处，锡的再利用大体上可分为三类，即再生纯锡的回收，高锡合金的再使用和低锡合金的再使用，因此，再生锡中有很大比例是以产出合格的合金形式出现的。

10.6.2 再生锡的原料来源

再生锡的原料来源主要有以下几种。

（1）马口铁废料。其中，可分为制罐过程中切割下的镀锡钢板边角料，它一般是清洁的，没有涂漆，也不含碎片；另一部分为制罐过程中损坏的清洁报废罐头，含有铅焊缝、涂漆层及内装大量处理溶液；再就是已用过的废罐头盒。由于马口铁消费量大，故所含锡应予回收。

从炼钢的原料要求来看，用作马口铁基质的薄钢板含硫、磷低，是优质炼钢原料，但炼钢过程中锡不易除去，结晶时，锡往往在铁的晶界上偏析，严重时会导致铸件和钢锭开裂，热加工处理时容易发生裂纹，故炼钢企业不欢迎马口铁皮打包压块，因此，马口铁必须脱锡。

（2）各类含锡合金废料。废铜基合金：青铜和黄铜废料是再生锡的最大来源，青铜和黄铜废料经重新熔化，调整成分，产出与原废料成分近似的合金铸块。再生铜厂使用的各种原料有金属加工的碎屑料，再熔炼厂的烟尘、炉渣、汽车制造工业的废料等，其中锡或以合金形式存在，或以焊料黏附在废料上，熔炼时锡进入烟尘和炉渣中，再经常规冶炼工艺处理可产出金属或合金。

铅合金废焊料、巴氏合金：这些含锡合金加工成相应的合金，一般只需进行再熔炼，加入适当的添加剂，产出的浮渣出售给冶炼厂。再生合金的成本低，从而使这类行业形成自身的优势。

（3）废铅基合金。许多再生铅中都含有锡，含量低时可通过氧化碱性精炼、氯气氧化法除锡，也可以合金形式加以回收，如锑铅、印刷合金的处理。

（4）各类含锡渣。各种含锡制品在制造过程中及使用报废后的回收过程中，会产出多种含锡渣及烟尘，可根据其中锡的含量、化学形态等状况，在本企业回收、在当地回收或运往冶炼厂回收。

10.7　国内各主要炼锡厂锡冶炼工艺流程

图 10-6 和图 10-7 分别是云锡公司第一冶炼厂、来宾冶炼厂采用的"反射炉一次熔炼—烟化炉硫化挥发法处理锡精矿流程"，其相应的技术经济指标见表 10-2。

表 10-2　部分炼锡厂主要技术经济指标

技术经济指标	云锡一冶	来宾冶炼厂
反射炉还原熔炼：		
入炉物料锡品位/%	42.89～43.99	
返回品搭配率/%	38.79～40.45	
炉床指数/t·$(m^2 \cdot d)^{-1}$	1.12～1.21	1.2
锡直接回收率/%	76.10～77.69	82.0
渣含锡/%	9.85～10.65	8.0～12.0
产渣率/%	39.40～40.92	
烟尘率/%	14.22～16.16	
硬头率/%	1.07～1.48	
乙锡：甲锡/%	29.50～35.12	
吨炉料煤耗/t	1.68～1.95	
金属平衡/%	98.32～99.35	
粗锡精炼：		
火法精炼锡直收率/%	80.50～85.27	75.00
炭、铝渣产率/%	5.75～10.10	
硫渣产率/%	4.00～6.00	
吨精焊锡煤耗/t	1.51～1.64	
火法精炼金属平衡/%	99.51～99.53	
电解锡直收率/%	89.00	
电解金属平衡/%	97.80	
烟化炉硫化挥发：		
炉床指数/t·$(m^2 \cdot d)^{-1}$	22.45～25.84	15～18
锡挥发率/%	98.00～99.02	>95
弃渣含锡/%	0.08～0.09	<0.2
煤耗/t·t^{-1}	0.55～0.60	
黄铁矿消耗/t·t^{-1}	0.10～0.11	
电耗/kW·h·t^{-1}	256.91～275.51	

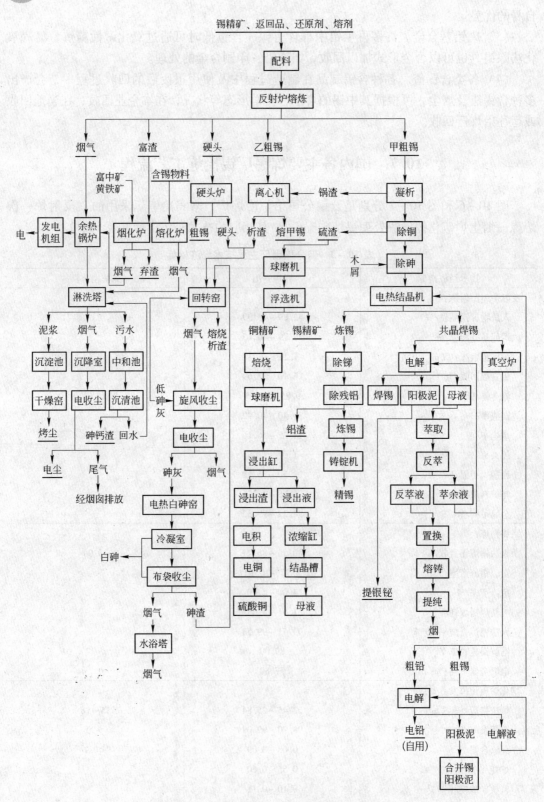

图 10-6   云锡公司第一冶炼厂锡冶炼工艺流程

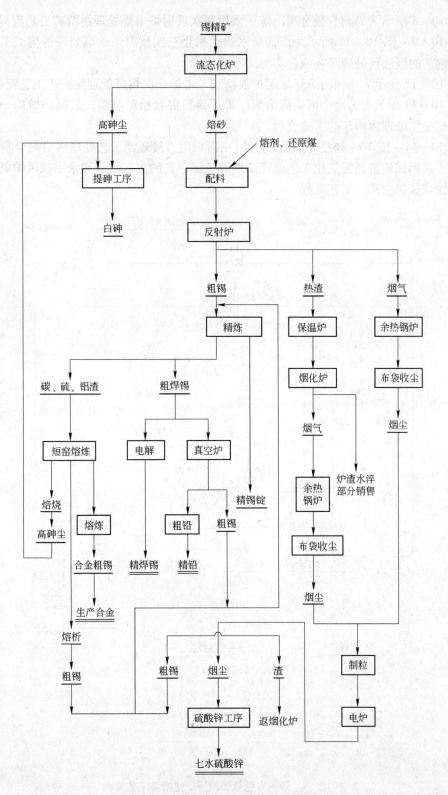

图 10-7　来宾冶炼厂锡冶炼工艺流程

图 10 - 8 所示为赣州有色金属冶炼厂采用两次反射炉熔炼处理锡精矿工艺流程。

图 10 - 9 ~ 图 10 - 11 所示为广西栗木锡矿采用三次反射炉熔炼处理锡精矿工艺流程及对黟锡矿的湿法预处理工艺流程和湿法冶炼流程。

图 10 - 12 所示为广州冶炼厂采用炉前精选—电炉一次熔炼处理锡精矿工艺流程。

图 10 - 13 所示为云南个旧鸡街冶炼厂采用锡铅混合精矿制粒—鼓风炉熔炼—炉渣烟化法硫化挥发处理锡精矿的工艺流程。

图 10 - 14 ~ 图 10 - 16 分别所示为云锡三冶采用直接还原工艺处理锡铅混合精矿的工艺流程、采用回转窑高温氯化工艺处理高铁难选锡中矿的工艺流程和采用鼓风炉氯化工艺处理低铁难选锡中矿的工艺流程。

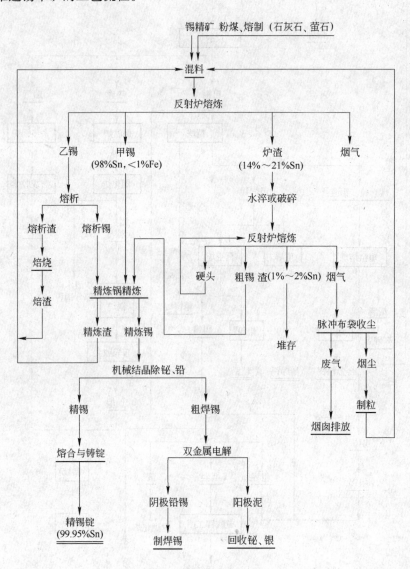

图 10 - 8　赣州有色金属冶炼厂锡冶炼工艺流程

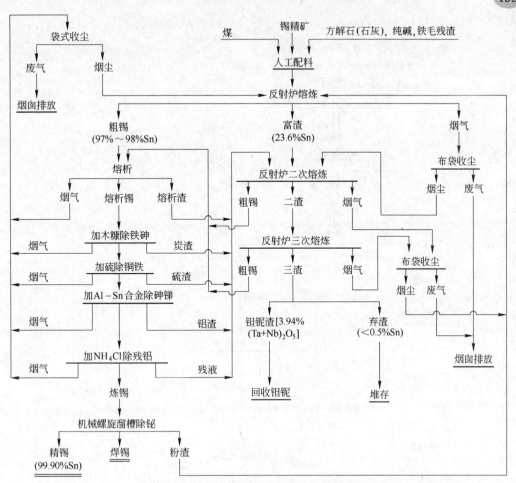

图 10 - 9　广西栗木锡矿锡冶炼工艺流程

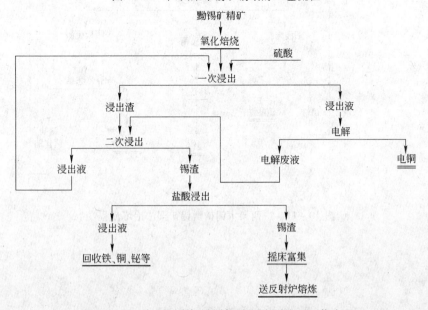

图 10 - 10　广西栗木锡矿黝锡矿湿法预处理工艺流程

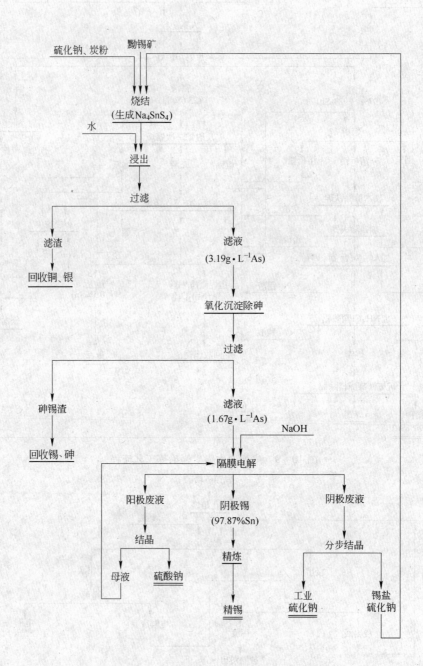

图 10－11　广西栗木锡矿黝锡矿湿法冶炼流程

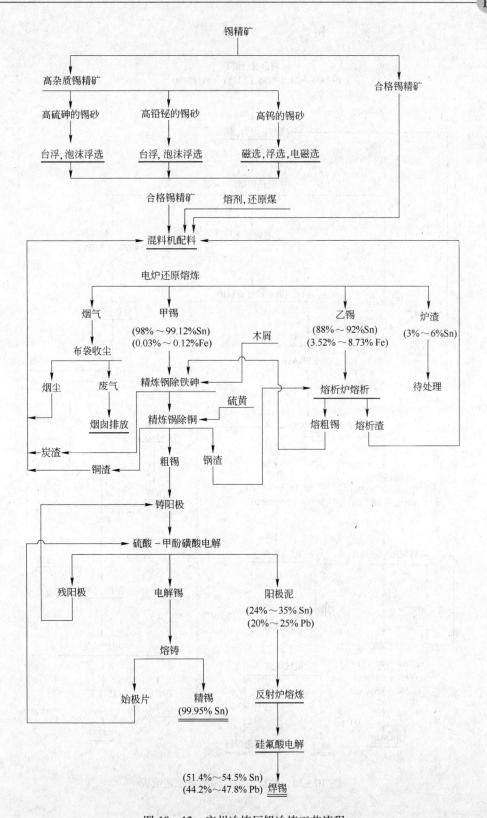

图 10-12 广州冶炼厂锡冶炼工艺流程

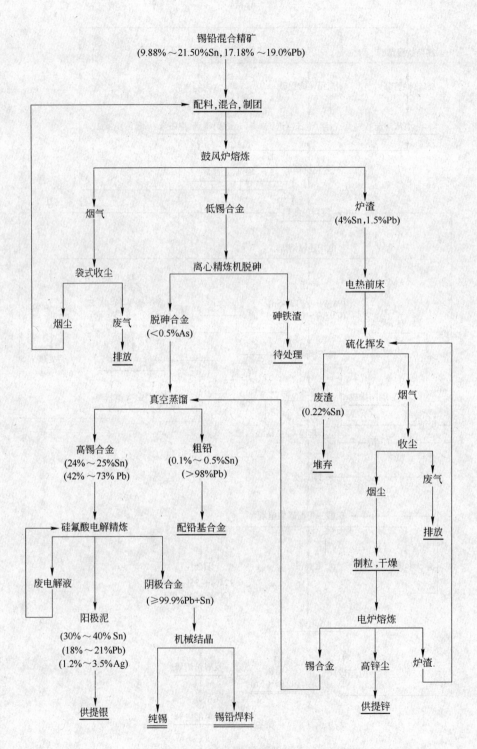

图 10 - 13　鸡街冶炼厂锡冶炼工艺流程

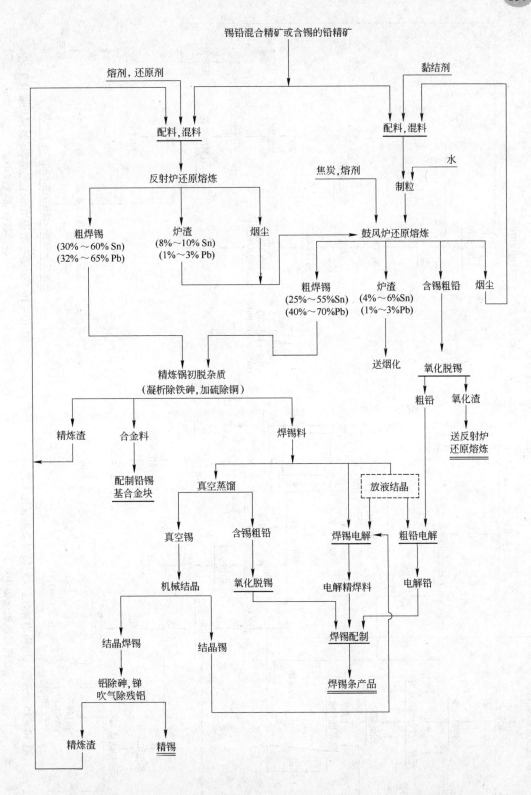

图 10 – 14　云锡三冶锡冶炼工艺流程（锡铅混合精矿直接还原工艺）

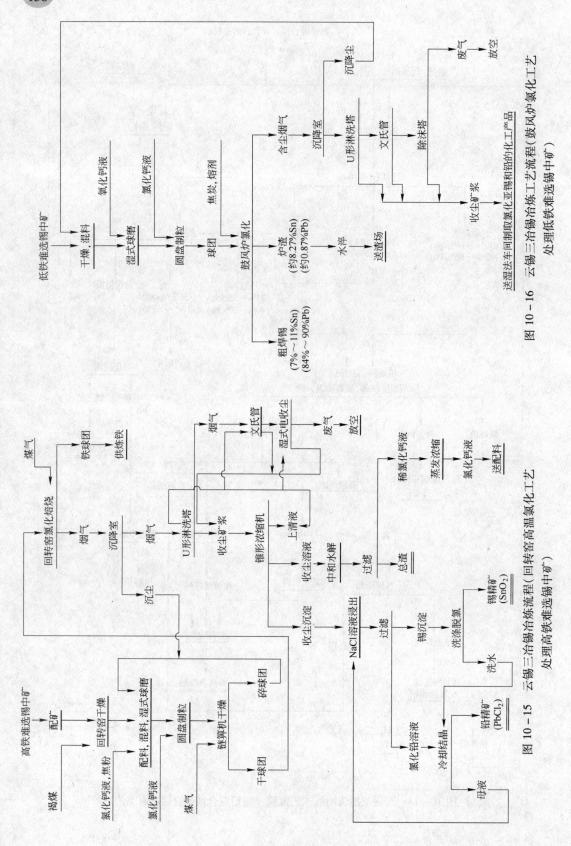

图10-16　云锡三冶锡冶炼工艺流程（鼓风炉氯化工艺，处理低铁难选锡中矿）

图10-15　云锡三冶锡冶炼流程（回转窑高温氯化工艺，处理高铁难选锡中矿）

10.8　国外炼锡厂主要工艺流程

图 10 - 17 所示为马来西亚巴特沃斯冶炼厂采用两次反射炉处理锡精矿工艺流程。

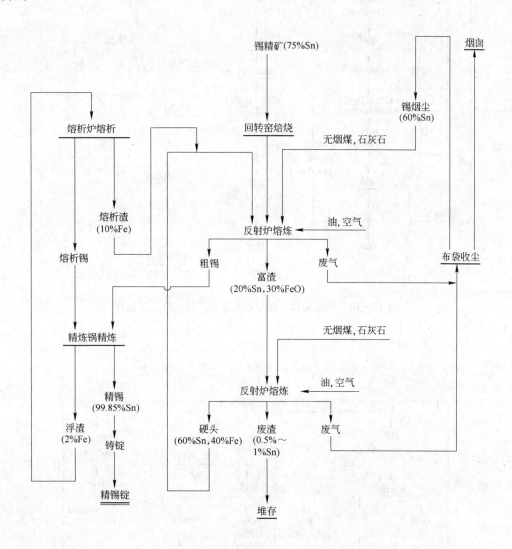

图 10 - 17　马来西亚巴特沃斯炼锡厂锡冶炼工艺流程

图 10 - 18 所示为印度尼西亚佩尔蒂姆炼锡厂采用两次短窑熔炼处理锡精矿工艺流程。

图 10 - 19 和图 10 - 20 分别所示为南非钢铁公司范得比杰帕克炼锡厂和日本生野炼锡厂采用两次电炉熔炼处理锡精矿工艺流程。

图 10 - 21 所示为巴西锡公司炼锡厂采用三次电炉熔炼处理锡精矿工艺流程。

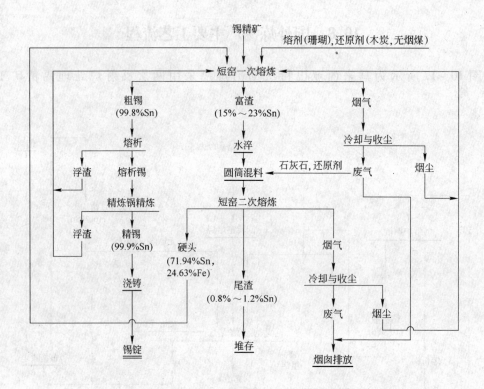

图 10 - 18   印度尼西亚佩尔蒂姆炼锡厂锡冶炼工艺流程

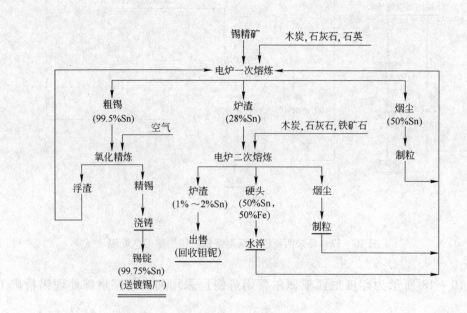

图 10 - 19   南非钢铁公司范得比杰帕克炼锡厂锡冶炼工艺流程

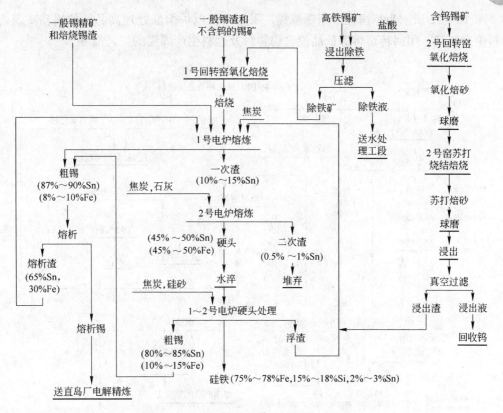

图 10-20　日本生野炼锡厂锡冶炼工艺流程

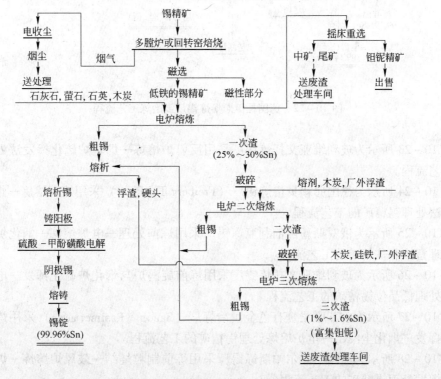

图 10-21　巴西锡公司炼锡厂锡冶炼工艺流程

　　图 10-22 所示为德国杜伊斯堡炼锡厂采用两段电炉熔炼处理高品位的锡精矿及含锡物料生产精锡，用回转窑熔炼低品位含锡物料及返料生产焊锡的工艺流程。

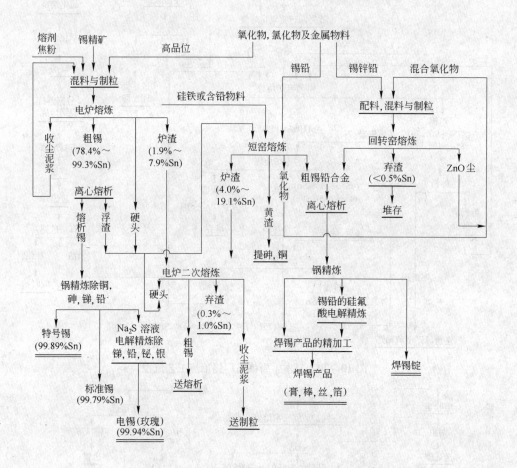

图 10-22　德国杜伊斯堡炼锡厂锡冶炼工艺流程

　　图 10-23 所示为玻利维亚文托炼锡厂采用反射炉熔炼—烟化炉硫化挥发法处理锡精矿的工艺流程。

　　图 10-24 所示为德国弗赖贝格炼锡厂（Freiberg Tin Plant）采用短窑熔炼—烟化炉硫化挥发法处理锡精矿的工艺流程。

　　图 10-25 所示为俄罗斯新西伯利亚炼锡厂采用炼前处理—电炉熔炼—烟化炉硫化挥发法处理富渣和贫精矿的工艺流程。

　　图 10-26 所示为玻利维亚文托炼锡厂采用炼前旋涡炉与烟化炉硫化挥发—电炉与短窑熔炼处理低品位锡精矿的工艺流程。

　　图 10-27 所示为前苏联梁赞有色金属冶炼厂（Завод《Рязцветмет》）采用炼前烟化炉硫化挥发—烟化尘浸出—电炉熔炼处理锡精矿的工艺流程。

　　图 10-28 所示为英国卡佩尔帕斯炼锡厂采用炼前制粒烧结—鼓风炉熔炼—炉渣烟化炉硫化挥发处理锡精矿的工艺流程。

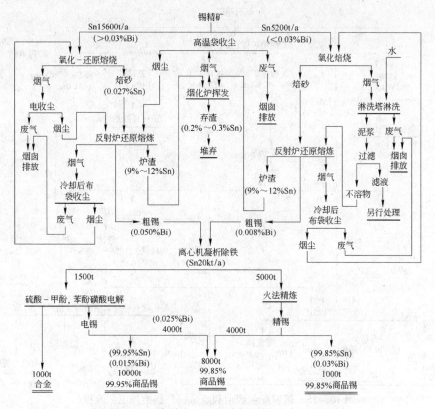

图 10-23 玻利维亚文托炼锡厂锡冶炼工艺流程

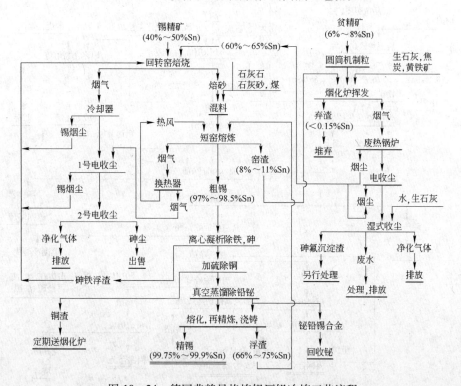

图 10-24 德国弗赖贝格炼锡厂锡冶炼工艺流程

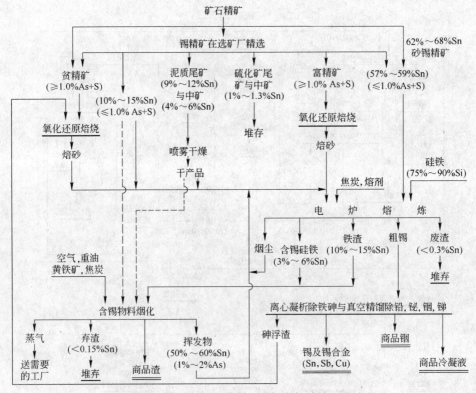

图 10-25　俄罗斯新西伯利亚炼锡厂锡冶炼工艺流程

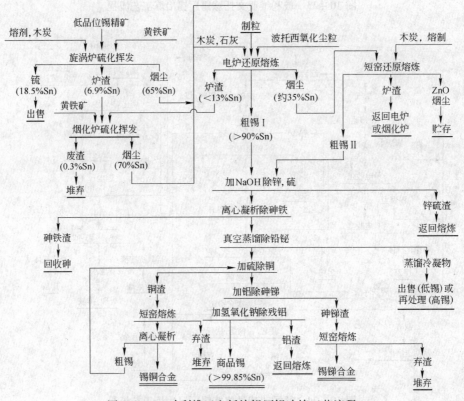

图 10-26　玻利维亚文托炼锡厂锡冶炼工艺流程

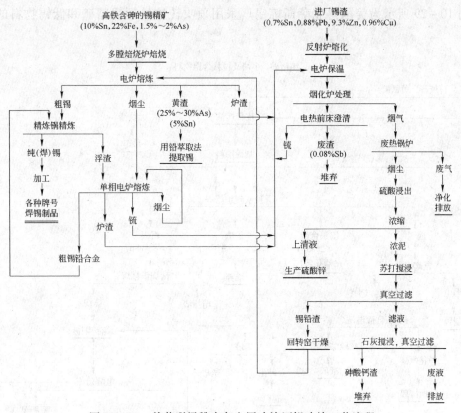

图 10-27 前苏联梁赞有色金属冶炼厂锡冶炼工艺流程

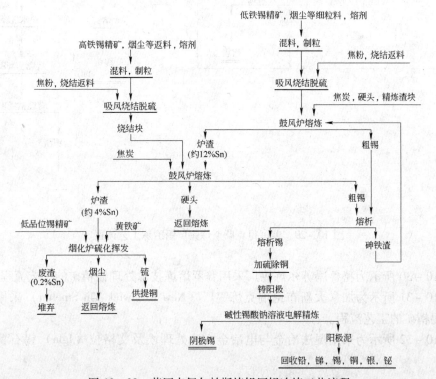

图 10-28 英国卡佩尔帕斯炼锡厂锡冶炼工艺流程

图 10 - 29 所示为美国得克萨斯炼锡厂采用顶吹转炉处理锡精矿和低锡物料的工艺流程。

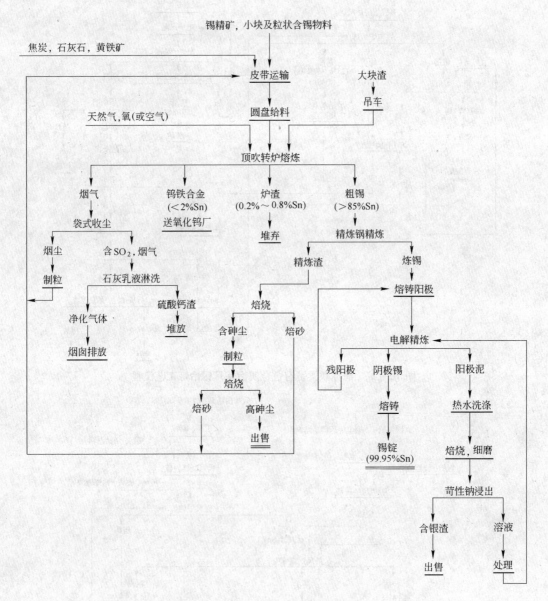

图 10 - 29　美国得克萨斯炼锡厂锡冶炼工艺流程

图 10 - 30 所示为秘鲁冯苏尔炼锡厂采用赛罗熔炼技术处理锡精矿的工艺流程。

图 10 - 31 所示为加拿大新布伦瑞克炼锡厂（New Brunwick Tin Smelter）采用湿法冶金处理锡精矿的工艺流程。

图 10 - 32 所示为采用湿法冶金与电冶金方法处理埃及艾格拉（Igla）锡石精矿的工艺流程。

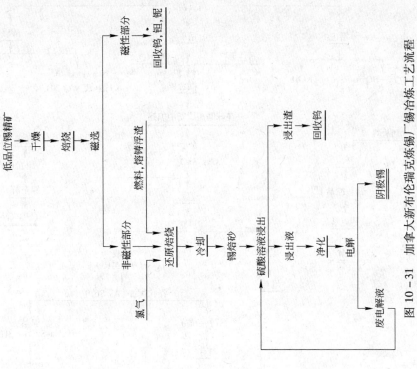

图 10－31　加拿大新布伦瑞克炼锡厂锡冶炼工艺流程

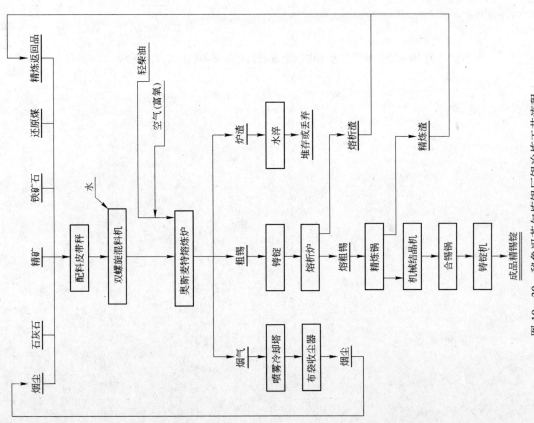

图 10－30　秘鲁冯苏尔炼锡厂锡冶炼工艺流程

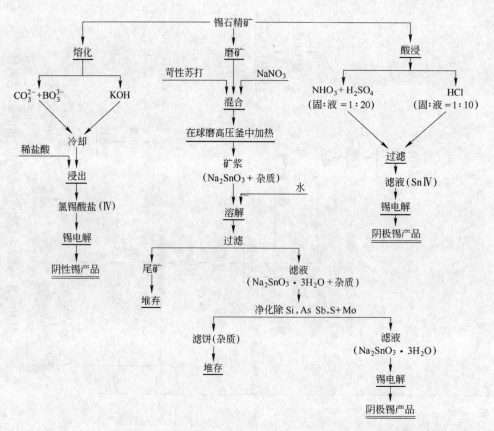

图 10 – 32　湿法冶金与电冶金方法结合处理锡石精矿工艺流程

11 炼锡厂的收尘

11.1 概　　述

生产有色金属时，大多数工艺过程都伴随有烟尘产生。在传统的炼锡方法中，用反射炉还原熔炼精矿与重炼返回品时，炉内产生烟气带走的锡量通常达到精矿原料中锡总含量的 10%～15%。随着精矿品位下降，硫、砷等杂质含量的升高，精矿需要预先焙烧脱硫、砷等杂质，锡入烟尘的比例还会有所增加。

锡中矿（含锡约5%）在烟化炉内进行硫化挥发，锡的挥发率大于97%，铅的挥发率大于91%；贫锡中矿（含锡1.5%～3.5%）在回转窑进行高温氯化挥发时，锡的挥发率达94%～96%，铅的挥发率大于96%。无论是硫化挥发还是氯化挥发，锡、铅及其有价金属都以烟尘进入烟气。

炼锡工艺中烟气发生量很大，所以炼锡厂必须建设完备的收尘系统净化烟气，防止或减少环境污染，回收锡、铅等有价金属，确保冶炼回收率和企业的经济效益。

目前国内各炼锡厂所采用的收尘设备主要有沉降室、表面冷却器、旋风收尘器、滤袋收尘器和电收尘器等干式收尘设备及淋洗塔、文氏管等湿式收尘设备。

炼锡厂产生含尘烟气的工序较多，以焙烧、还原熔炼、硫化挥发、氯化挥发等冶炼工艺的烟气量最大。硫化挥发和氯化挥发的产物几乎全部进入烟气，焙烧和还原熔炼产生的烟气含尘也很高。表 11－1 是部分工序产生的烟气量和烟气含尘量。

表 11－1　部分工序产生的烟气量和烟气含尘量

工　序	烟气量/$m^3 \cdot h^{-1}$	烟气含尘/$g \cdot m^{-3}$	备　注
回转窑焙烧精矿	8400	32～110	$\phi_{内}$ 1.6m×20m，容积 40m^3，日处理 32～50t
电炉熔炼精矿	1000～1100	50～150	电炉额定功率 2000kV·A
反射炉熔炼精矿	3700～5720	8.6～23.6	炉床面积 25m^2，日处理 24～30t
烟化炉锡中矿硫化挥发	4730～7140	26～76	炉床面积 2.6m^2，日处理 52～60t，液料占 30%以上
回转窑贫锡中矿氯化挥发	10000～14000	49～51	$\phi_{内}$ 2.3m×28m，容积 112m^3，日处理约 100t

11.2　收尘方法

在炼锡过程中所发生的烟尘可分为机械尘和凝聚尘两大类。

170

机械尘：在炼锡的各种炉、窑中，含锡物料因受鼓风和抽风气流的作用力，机械夹带尘粒离开炉、窑，随烟气进入烟道、沉降室、旋风收尘器等收尘系统，其产生的量与物料的粒度、密度、干湿程度、气流速度等的大小有关。机械尘的粒度比凝聚尘大许多，它们在数微米到几毫米之间。机械尘的化学性质和物理性质与入炉（窑）的原始物料近似，粒度大于 0.1mm 的机械尘容易沉降在烟道、沉降室、蛇形管冷却器中，用普通的收尘设备如旋风或扩散收尘器就可捕集。

凝聚尘：含锡物料在较高的温度条件下（627～1327℃）火法冶炼，锡、铅、锌、砷等元素及其化合物（如氧化物、硫化物、氯化物）挥发进入烟气，烟气遇冷逐渐降温，这些气相物质冷凝变成固相物质，构成凝聚尘，这是锡烟尘区别于其他烟尘的特点。

11.2.1　电收尘

电收尘的原理：电收尘器是靠高压直流电在阴阳两极间形成足以使气体电离的电场，气体电离产生大量的阴阳离子，使通过电场的粉尘获得相同的电荷，然后沉积于与其极性相反的电极上，达到烟气与粉尘的分离。

净化后的烟气经抽风烟道进入烟囱排到大气，积集在电极板上的粉尘通过振打电极板，粉尘落于电收尘器的集尘斗中，电收尘器示意图见图 11–1。

电收尘器的工作过程可分为四个步骤：

（1）气体电离产生大量电子和离子。

（2）粉尘获得离子而荷电。

（3）荷电粉尘沉积于异性电极上放出电荷。

（4）振打电极、电极上的粉尘落入集灰斗中。

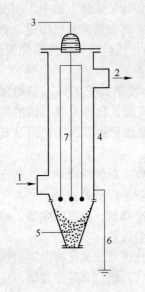

图 11–1　电收尘示意图
1—进口烟气；2—出口废气；3—高压
直流电；4—收尘板；5—下沉烟尘；
6—接地线；7—电晕电极

根据试验确定，电收尘器一般采用负电晕放电，因为负电晕放电其火花放电电压比正电晕放电高，在同样条件下，电收尘器采用负电晕放电可以获得较高的运行电压，获得较高的收尘效率。

11.2.2　滤袋收尘

滤袋收尘很早就已广泛用于各工业生产，其中包括有色金属工业，既用它捕集机械尘，也用它捕集挥发物的凝聚尘。滤袋收尘器从 19 世纪中叶以来，就已有效地用来捕集氧化锌和铅挥发物等。

11.2.2.1　滤袋收尘的机理

滤袋收尘器捕尘的机理，归纳起来主要有：

（1）筛析作用。含尘烟气通过多孔纤维过滤介质时，尘粒被阻挡而吸附在介质上，形成附加过滤层，过滤介质与附加过滤层共同担负对烟气中尘粒的捕集作用。当附加层达到一定厚度，烟气通过困难而导致阻力升高时，通过振打使烟尘以重力作用沉入集尘斗中。

（2）碰撞作用。尘粒在惯性作用或气体分子热运动作用下，与过滤介质及附加过滤层相碰撞而沉积下来。

（3）静电作用。依靠尘粒与纤维织物所带异电荷之间的静电吸引力沉降下来。

11.2.2.2　滤袋收尘分类

随着生产技术的发展，滤袋收尘器的结构也在不断地改进、发展中，形成了多种多样的形式。为了使装置结构紧凑和便于维护，在滤袋的排列布置和结构上要力求简化，为了得到良好捕尘性能又较经济，应采用不同的清灰方式。根据结构不同，对滤袋收尘器可作如下各种分类。

按滤袋缝制的形状分为圆袋与扁袋。

圆袋目前使用较多，它受力较好，支撑骨架及连接较简单，滤袋可作得长些，以减少占地面积，振动清灰需要的动力较小，滤袋间不像扁袋那样容易被烟尘堵塞，检查维护较方便。

扁袋与圆袋相比，在同样体积的收尘器内可增加较多的过滤面积，一般能增多20% ~ 40%，入口风速较低，袋端的磨损轻，清灰较均匀，单个换袋较方便。

按过滤方向可分为外滤式和内滤式两种。

外滤式：含尘气流由滤袋外侧流向滤袋内侧，粉尘沉积在滤袋的外侧表面。

内滤式：含尘气流由滤袋内侧流向外侧，烟尘沉积在滤袋内侧表面。

对于圆袋，上述两种流向过滤都可以采用，外滤式需要在滤袋的内侧设置支撑骨架。一般机械振动、反吹、气环反吹等清灰多用内滤式。脉冲喷吹、回转反吹等清灰方式多用外滤式。

对于扁袋，大都采用外滤式，因而需要有内部支撑结构。

图 11 - 2 所示为脉冲喷吹袋滤器结构图。

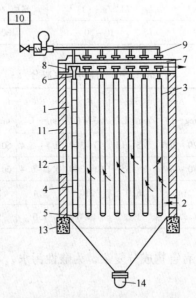

图 11 - 2　脉冲喷吹袋滤器结构

1—袋室；2—进气口；3—滤袋；4—骨架；5—底盘；6—文氏管；
7—排气口；8—集气室；9—喷吹管；10—程序控制器；11—室壁；
12—工作门；13—混凝土梁；14—排尘阀

12 炼锡厂 "三废" 治理和劳动保护

12.1 炼锡厂的废水处理

12.1.1 概述

锡冶炼厂在生产过程中所产生的废水，按其污染程度通常分为三类：（1）冷却水，即各种冶金炉窑和机械电气设备冷却后所排出的水，如烟化炉水箱、反射炉和沸腾炉炉体及烟道闸板、各类风机等的冷却水；（2）冲渣水和地面排水；（3）高砷污水，即有的炼锡厂采用电收尘除尘，反射炉和烟化炉等产生的高温烟气经淋洗塔喷水降温增湿后产出的污水，后两种废水成分分别列于表 12 - 1 和表 12 - 2。

表 12 - 1　冲渣水和地面排水成分

pH 值	硬　度	碱　度	悬浮物/mg·L^{-1}	As/mg·L^{-1}
6.6 ~ 7.6	4.58	2.35	15 ~ 55	0.65 ~ 1.2
Pb/mg·L^{-1}	F$^-$/mg·L^{-1}	Cl$^-$/mg·L^{-1}	SO$_3^{2-}$/mg·L^{-1}	Cd/mg·L^{-1}
0.05	1 ~ 3	10 ~ 50	100 ~ 150	微

表 12 - 2　高砷污水成分

示例	pH 值	硬度	碱度	As /mg·L^{-1}	Pb /mg·L^{-1}	F$^-$ /mg·L^{-1}	Cu /mg·L^{-1}	Zn /mg·L^{-1}	Cd /mg·L^{-1}	Cl$^-$ /mg·L^{-1}	SO$_3^{2-}$ /mg·L^{-1}
1	2.5 ~ 4			20 ~ 200	1.5 ~ 15	40 ~ 300	0.1 ~ 6.4	60 ~ 400	0.5 ~ 12	150 ~ 200	200 ~ 300
2	2.5 ~ 3.9	13 ~ 29	2.2 ~ 2.6	40 ~ 300	3 ~ 35	60 ~ 300	0.1 ~ 6.4	60 ~ 300	0.5 ~ 12	120 ~ 140	500 ~ 800
平均值	3.3	24	2.35	140	8.0	210	2.4	280	2.3	130	400
标准值	6 ~ 9			1.0	1.0	15.0	1.0	5.0	0.1		

高砷污水杂质含量高，有害物成分复杂，为酸性污水，对这种污水的处理，归纳起来有下列几种方法：

（1）化学沉淀法；

（2）萃取法；

（3）离子交换法。

最常用的是化学沉淀法，其他方法虽技术上可行，但经济上不合算。云锡一冶采用石灰乳中和法处理低砷污水闭路循环工艺和石灰乳中和—絮凝共沉法处理高砷污水，取得较好效果。下面简要介绍此法的工艺流程、技术条件和效果。

12.1.2 石灰乳中和法

在锡冶炼厂，有一部分废水含砷、氟和重金属离子等有害物质，但其含量不高，进行一级中和净化，即可达标排放或循环使用。

12.1.2.1 工艺流程

利用石灰乳作中和剂，空气搅拌下往污水中加入石灰乳，主要发生如下反应：

$$2H_3AsO_3 + 3Ca(OH)_2 \longrightarrow Ca(AsO_3)_2 + H_2O$$

$$2H_3AsO_4 + 3Ca(OH)_2 \longrightarrow Ca_3(AsO_4)_2 + H_2O$$

$$2F^- + Ca^{2+} =\!=\!= CaF_2$$

$$Me^{2+} + 2OH^- =\!=\!= Me(OH)_2$$

反应所生成的亚砷酸钙、砷酸钙、氟化钙和重金属（如铅、锌、铜、镉等）氢氧化物均不溶于水而沉淀析出，其生产工艺流程如图 12 – 1 所示。

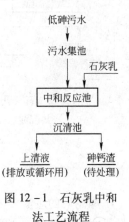

图 12 – 1 石灰乳中和法工艺流程

12.1.2.2 主要技术条件

（1）pH 值。严格控制在 6.5 ~ 8.5 之间，若含砷高时，可适当提高到 9；

（2）循环水浑浊度控制在 10mg/L 以下。

此法主要优点是流程短，操作简单，设备少易实现，中和剂石灰价廉，成本低。主要缺点是管路容易结垢堵塞，必须严格控制 pH 值。处理高砷污水时，砷、氟净化率较低。

12.1.3 中和絮凝共沉法

云锡淋洗塔产生的高砷污水，采用中和絮凝共沉法处理，取得较好效果。

12.1.3.1 基本原理

一级石灰乳中和反应与前述石灰乳中和法相同，二级硫酸亚铁反应的原理主要是借助于加入硫酸亚铁生成的 $Fe(OH)_3$ 在一定的 pH 值条件下形成的胶体物，与水中残砷反应和吸附，生成难溶的亚砷酸铁、砷酸铁沉淀除去，其主要反应式如下：

$$Fe^{2+} + 2OH^- =\!=\!= Fe(OH)_2$$

$$Fe(OH)_2 + O_2 + 2H_2O \longrightarrow Fe(OH)_3$$

$$AsO_3^{3-} + Fe(OH)_3 =\!=\!= FeAsO_3 + 3OH^-$$

$$AsO_4^{3-} + Fe(OH)_3 =\!=\!= FeAsO_4 + 3OH^-$$

12.1.3.2 工艺流程

一级石灰乳中和流程与前述石灰乳中和流程一致，只是由于废水中有害物含量较高，增加第二段再净化处理，以除去经一级中和后残余的砷、氟，工艺流程如图 12 – 2 所示。

12.1.3.3 主要技术条件

一级石灰乳中和的技术条件与前述基本相同，不同的是应根据污水中的含砷量来确定

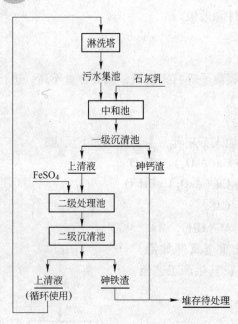

图 12 - 2　石灰乳中和—硫酸亚铁共沉淀法工艺流程

中和池的 pH 值，当含 As = 100 ~ 150mg/L 时，pH 值控制在 9 ~ 10 之间，当含 As > 150mg/L 时，pH 值适当提高，达 11 ~ 11.5。

二级硫酸亚铁处理，控制硫酸亚铁溶液含 $FeSO_4$ 50 ~ 70g/L，过低则用量增大，效率低，过高则 $FeSO_4$ 易结晶堵塞管道。空气搅拌的强弱根据处理污水量、含砷高低确定，处理水量大，含砷高时，采用强搅拌。对三价砷化物所占比例较高的污水最好加入氧化剂。

此法主要优点是净化效率高，经处理后有害物能达到国家排放标准，可以外排，也可以闭路循环使用，可实现污水资源化。主要缺点是工艺流程长，成本较高，二级净化副产物砷铁渣利用难度大，有待解决。但对处理污水量小、含砷不太高、处理后水不回收而外排的企业，此法较为理想。

12.2　炼锡厂废渣的处理

炼锡厂的废渣主要是指烟化炉抛渣、煤灰渣、高砷污泥渣、低砷污泥渣等。其中，数量最大的是烟化炉水淬抛渣，如云锡一冶每年约 6 万吨，其次是煤渣，每年约 2 万吨。对于这些废渣，过去曾进行过多项试验研究，制成渣砖，渣绵和水泥原料，制作为人造大理石、铁红粉等。

烟化炉水淬废渣可直接用作制水泥的配料。

砷钙渣的处理：砷钙渣含有多种可利用的成分，适用于玻璃生产，其中，砷可代替白砷作澄清剂，氟可代替萤石作助熔剂和脱色剂，钙、硅、镁、铝、锌、钾、钠等物质是玻璃主要成分。与原生产情况相比，加入砷钙渣后，熔化速度快，澄清好，没有砂子，没有条纹，气泡少。由于加入砷钙渣，取消了白砷、萤石的加入，减少了硝酸钠、长石等原料的加入量，从而降低了成本。

12.3　低浓度 SO_2 烟气的治理

炼锡厂的锡精矿、碳质燃料、还原煤中均含有一定数量的硫，另外，在富锡炉渣或锡中矿烟化处理，以及粗锡除铜精炼过程中，需要添加一部分硫精矿和元素硫作为硫化剂，因此，在炼锡厂，无论是精矿的炼前焙烧、还原熔炼、富渣烟化以及硫渣的处理等工序，都会产出一定数量含 SO_2 0.03% ~ 0.9% 的低浓度 SO_2 烟气，这些烟气含 SO_2 浓度虽然很低，但数量大，必须经过治理，才能排放。

在各国研究的烟气脱硫方法中，比较成熟的有氧化镁吸收法、碱液吸收法、亚硫酸钠循环吸收法、氨吸收法、活性氧化锰法、石灰石膏法及石灰乳吸收等方法，目前都已应用于工业生产。

氧化镁吸收法的工艺流程如图 12 - 3 所示。亚硫酸钠循环吸收法的工艺流程如图 12 - 4 所示，石灰乳吸收法的工艺流程如图 12 - 5 所示。

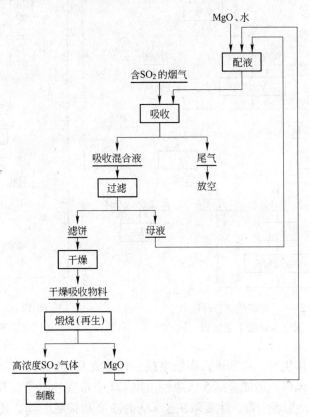

图 12 - 3　氧化镁吸收法工艺流程

12.4　炼锡厂常见的职业性中毒及防治

人们曾对锡及其化合物的毒性进行过很多的研究，发现锡及其氧化物没有毒性，这是可以肯定的，正由于锡的这一特殊性能，以及一些不可替代的性质，因此一直受到人们的青睐。然而，在锡生产过程中，由于原材燃料伴生和带入一些有害元素，产生一些有毒物，常使操作人员发生中毒。下面将对这些有毒物产生、中毒机理、症状、处理和防治进行简要介绍。

12.4.1　一氧化碳

CO 是一种无色、无味、无嗅的窒息性有毒气体，密度 1.25g/L，略轻于空气。

产源：当碳燃烧不完全时可产生 CO，如火法炼锡，用煤作燃料，由于供风不足，燃烧不完全，当室内或工作地点通风不良时，会造成人体中毒。如 1959 年，某炼锡厂一女

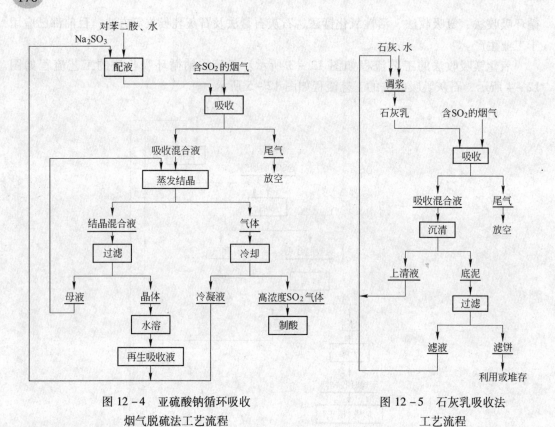

图 12 - 4　亚硫酸钠循环吸收
烟气脱硫法工艺流程

图 12 - 5　石灰乳吸收法
工艺流程

工年终检修违反操作规程，提前进入布袋室换袋，造成 CO 中毒死亡。1996 年，某私营炼锡厂，抢修电炉排风机，造成连续 5 人急性重度 CO 中毒昏迷，抢救及时得当，未造成伤亡。接触 CO 气体，是否中毒，主要取决于 CO 的浓度和接触时间，还取决于人体的功能状态。

中毒机理：CO 经呼吸道进入血循环与血红蛋白（Hb）结合成碳氧血红蛋白（HbCO）。CO 与 Hb 的亲和力比氧与 Hb 的亲和力大 300 倍，而 HbCO 的解离却比 HbO_2 慢 3600 倍，HbCO 还阻碍着 HbO_2 释放 O_2 给组织。CO 还能与肌红蛋白结合，影响 O_2 从毛细血管弥散到细胞线粒体，损害线粒体的功能。CO 还能与线粒体中细胞色素结合，抑制组织内呼吸。

中毒症状：轻度中毒表现为头痛、头晕、心悸、恶心、呕吐、无力等；中度中毒除上述症状外，还表现为面色潮红、口唇樱桃红、脉快、烦躁、步态不稳、嗜睡甚至昏迷休克；重度中毒表现为迅速昏迷休克、瞳孔缩小、脉搏和呼吸加快、频繁抽搐、大小便失禁、唇红面苍白无色、病理反应阳性。慢性中毒多见于长期接触低浓度 CO 者，表现为神经衰弱综合征，心肌供血不足，心律失常，嗅觉减退、视野缩小等。通常，慢性中毒时，血液中 HbCO 含量超过 10% 者才具有诊断意义。

救护与处理：轻度或中度中毒，及时脱离现场，只要吸入新鲜空气或氧气后即很快好转。急性（重度）中毒，应立即将患者移至空气新鲜处，保持呼吸道畅通，注意保暖，吸入氧气。停止呼吸者，应立即做人工呼吸或气管插管加压给氧，注射呼吸中枢兴奋剂和能量合剂静脉滴注，然后视病情入医院抢救和治疗。

预防：生产车间定期测定 CO 浓度，产生 CO 的生产工序，强化通风，严格执行安全操作规程，加强个人防护，普及预防和急救知识。

12.4.2 砷及其化合物

砷是锡矿中最常见的伴生元素，在冶炼过程中，容易挥发，气态砷迅速氧化成氧化砷，与锡一道形成粉尘、烟气或蒸气，污染环境。

元素砷毒性很小，而它的氧化物、氢化物（AsH_2^{3+}）、盐类及有机化合物等均有毒，一般三价砷化物（如 As_2O_3）的毒性较五价砷化物严重，溶解度小的化合物毒性较低，如雄黄（AsS）、雌黄（As_2S_3）等。砷酸盐也有一定毒性，其中以砷酸钠最严重。烟气和粉尘中的砷一般以气体 As_2O_3 存在，气体以 AsH_3 最毒，属剧毒物。据测定，三氧化二砷口服致死量为 $100 \sim 200mg$，中毒剂量为 $10 \sim 50mg$，敏感者其量更低。

毒理：砷及其化合物，对体内酶蛋白的巯基具有特殊的"亲和力"，使酶失去活性，影响细胞新陈代谢而导致细胞死亡。当作用于植物神经系统时，会使植物神经机能紊乱，进入血液循环时，导致血管扩张，增强其渗透性和溶血性。

中毒症状：除 AsH_3 可引起急性中毒外，一般表现为慢性中毒。其主要症状是口腔发炎、食欲缺乏、恶心、呕吐、腹泻、肝脏损害、脱发、神经衰弱等。直接接触可引起皮炎、皮疹、皮肤干裂、指甲病变。长期吸入砷化物粉尘，可引起鼻炎、鼻穿孔，严重者肝硬化、皮肤癌、呼吸道癌。急性中毒很少见，主要多见于 AsH_3 中毒，轻者头疼、头晕、畏寒、呕吐、尿血，重者高热、昏迷休克，可引起急性心衰竭和尿毒症导致死亡。

救护与处理：职业性砷及其化合物中毒，主要由呼吸道、消化道、皮肤进入人体，它分布于肝肾及其他组织，而最易在指（趾）甲和毛发中停留，主要通过肾和消化道排出，三价砷化物较五价排泄慢，毒性大的砷化物与肝肾结合快速且牢固，因此较难排除。

预防：AsH_3 产生多见于锡精炼加铝除砷的热浮渣（铝渣）受潮或喷水降温或运输遇雨淋，其反应式如下：$2AlAs + 3H_2O = 2AsH_3 + Al_2O_3$。应设置禁止和避免上述情况的措施，高砷烟气应有严密的收尘系统，高砷物料及铝渣应加强保管，从事接触砷及砷化物工作岗位的人员，必须佩戴个人劳动防护用品。加强通风防尘设施和环境监测，寻求无毒物代替铝添加剂。

12.4.3 铅及其化合物

锡冶炼过程中，铅几乎与锡一道存在于整个过程，其来源主要是锡矿伴生的铅矿物。在焙烧、粗炼、炼渣、收尘、精炼等工序中，铅以粉尘、烟雾等形式造成污染。

毒理：铅是典型的多亲和性毒物，铅及其化合物都具有毒性，毒性大小取决于在人体中的溶解度。硫化铅（PbS）难溶于水，毒性较小，氧化铅、三氧化二铅溶于水，毒性较大。铅的毒性还取决于铅尘颗粒的大小，铅雾颗粒小，毒性大于铅尘，PbO 颗粒为 $2 \sim 3\mu m$，硅酸铅为 $20\mu m$，故前者毒性较后者大。

铅及其化合物主要是由呼吸道，其次是消化道进入人体，完整的皮肤不吸收铅。当铅以离子形态进入血液循环时，先分布于全身，最后大部分（约 95%）在骨骼系统沉积，少量积存于肝、脾、肾、脑等器官及血液中，主要通过肾脏随尿排出，少量随粪便和唾液或毛发排出。

毒性：铅及其化合物的致毒作用在于引起卟啉代谢紊乱，阻碍血红蛋白的合成，可作用于成熟的红细胞，引起贫血，还可导致神经及消化系统的一系列症状，阻碍神经机能，引起神经炎、头痛、头晕、失眠、记忆力衰退、食欲缺乏、易疲乏、恶心、便秘、腹痛等，其中以头昏、乏力、肌肉关节疼痛最为明显。

治疗：工业生产中，急性中毒很少见，一般为慢性中毒，炼锡厂多见于轻度中毒，尿铅含量超标。驱铅药物颇多，首选促排灵（NaDTPA），近年来，国内外报道，二巯基丁二酸（DMSA）对铅、锡、铜、锑等有促排作用，效果显著，副作用小，排泄快。在应用络合剂驱铅的同时，配合使用云南花粉片剂，有助微量元素补充，防止络合综合征发生。云锡一冶用中药益气排毒汤治疗取得较好效果，运用云锡劳研所研制的含柠檬酸、维生素 C 和 B1 等维康饮料用于预防砷、铅中毒和排泄，实践表明能使尿砷、尿铅排泄加快，血红蛋白增加，血压收缩压升高，体重增加。

预防：关键在于改革生产工艺，改造收尘系统，使车间环境有害物浓度达到国家标准以下。定期体检，加强个人防护，教育职工不能在生产岗位进食和吸烟，饭前洗手漱口，下班沐浴换衣。

12.4.4　锡矽肺

锡矽肺是在锡生产过程中长期吸入锡粉尘引起的肺部疾病，也有锡尘和游离二氧化硅的共同作用。

病理：其病理基础主要是锡粉尘由呼吸道吸入在肺部沉积，以及伴随着产生的局部炎症和类脂性肺炎等，基本病变是矽结节的形成和弥漫性纤维增生，肺部 X 照片呈现肺门轻度增大，密度增高，可见大小不等形状不规则的金属样团块，肺纹理普遍增多，特别是细网形多，使肺叶呈磨玻状，结节阴影多沿网格出现，细小、致密、边缘不整齐。脱离接触后，结节可以减少。

症状：患者主要表现为胸痛、胸闷、气促、咳嗽、咳痰多且浓稠、头昏等。

处理和治疗：肺胶厚纤维化是一种不可逆的破坏性病理组织学改变，目前尚无有效使其消除的办法，一旦确诊为锡矽肺病患者，应脱离矽尘作业，并给予综合治疗。云锡一冶采用中西药结合，如克矽平（P204）、抗矽 1 号、抗矽 14 号和国家级新药矽肺宁片，以及防尘新药羟基哌喹作保健冲剂进行治疗和预防，均取得一定疗效。

参 考 文 献

[1] 黄位森. 锡 [M]. 北京：冶金工业出版社，2000.

[2] 彭容秋. 锡冶金 [M]. 长沙：中南大学出版社，2005.

[3] 北京钢铁学院《中国古代冶金》编写组. 中国古代冶金 [M]. 北京：文物出版社，1978.

[4] 《云锡志》编纂委员会. 云锡志 [M]. 昆明：云南人民出版社，1992.

[5] 丁隆源. 大厂锡矿开发史初探 [J]. 大厂科技，1988 (2)：77～79.

[6] 王建邦，译. 锡的性质及用途 [J]. 国外锡工业，1980 (1)：64～68.

[7] 全国化学试剂产品目录汇编组编. 全国化学试剂产品目录 [M]. 北京：化学工业出版社，1979.

[8] 上海市化轻公司第二化工供应部. 化工产品应用手册 [M]. 上海：上海科学技术出版社，1988.

[9] 赵伦山，张本仁. 地球化学 [M]. 北京：地质出版社，1988.

[10] 王濮，潘兆槽，翁玲宝，等. 系统矿物学 [M]. 北京：地质出版社，1982.

[11] 南京大学地质学系岩矿教研室编著. 结晶学与矿物学 [M]. 北京：地质出版社，1978：659.

[12] 曹明盛. 物理冶金基础 [M]. 北京：冶金工业出版社，1985.

[13] 严量力. 有色金属进展（第六卷）：有色金属材料加工 [M]. 长沙：中南工业大学出版社，1995.

[14] 屠海令，等. 有色金属进展（第七卷）：有色金属新型材料 [M]. 长沙：中南工业大学出版社，1995.

[15] 刘树仁，译. 尚不为人们熟知的锡的用途 [J]. 有色冶炼，1983，12 (9)：56～60.

[16] 吴德安. 研制和生产锡的化工产品大有可为 [J]. 云锡科技，1986 (4)：32～39.

[17] 王应秋. 国外锡矿开采技术现状 [J]. 有色金属（矿山部分），1982 (4)：58～60.

[18] 王忠，译. 锡采矿成本 [J]. 国外锡工业，1994，22 (3)：42～56.

[19] 张虎，王为平，王天祥. 水力机械化开采在云南锡业公司砂锡矿床的应用与发展 [J]. 有色金属（季刊），1987，39 (2)：1～9.

[20] 潘国柱，译. 锡采矿的环境问题和锡产品的毒性 [J]. 国外锡工业，1990，18 (1)：56～58.

[21] 缪以瑾. 文山州都龙锡矿选矿工艺研究 [J]. 云南冶金（科学技术版），1987 (3)：16～20.

[22] 杜体尧. 我国锡选矿概况 [J]. 云南冶金，1976 (6)：44～57.

[23] 孙玉波. 重力选矿 [M]. 北京：冶金工业出版社，1982.

[24] 许时，等. 矿石可选性研究 [M]. 北京：冶金工业出版社，1981.

[25] 姜琦，雷时益. 大厂选矿科技新进展 [J]. 大厂科技，1995 (2)：8～15.

[26] 李昌旺，卫于道. 锡精矿沸腾焙烧工艺研究 [J]. 有色金属（季刊），1996，48 (1)：54～60.

[27] 王学洪. 锡精矿沸腾焙烧生产实践 [J]. 有色金属：冶炼部分，1992 (6)：14～21.

[28] 周先荡. 锡精矿的回转窑焙烧 [J]. 有色金属：冶炼部分，1991 (5)：7～9.

[29] 何芬，李振家. 活性炭还原 SnO_2 及 $SnO_2 + M_xO_y$ 的研究 [J]. 化工冶金，1985，6 (4)：63～66.

[30] 赵天从. 重金属冶金学 [M]. 北京：冶金工业出版社，1981.

[31] 刘建云，译. 小型炼锡电炉 [J]. 有色冶炼，1987，16 (8)：25～32.

[32] 何海成. 高铁锡精矿的电炉熔炼 [J]. 有色金属：冶炼部分，1988 (1)：12～15.

[33] 曾仕贵. 粗锡离心过滤机在云锡第一冶炼厂的应用与评述 [J]. 云锡科技，1992，19 (3)：17～22.

[34] 李梦庚. 革新我国锡冶炼流程的建议之二 [J]. 有色金属：选冶部分，1977 (4)：49～59.

[35] 黄位森. 粗锡精炼电热连续结晶炉除铅 [J]. 有色金属：选冶部分，1977 (2)：26～32.

[36] 王旷，罗经源. 物理化学（下册）[M]. 北京：冶金工业出版社，1982.

[37] 罗庆文. 有色冶金概论 [M]. 北京：冶金工业出版社，1986.

[38] 乐颂光，鲁君乐．再生有色金属生产［M］．长沙：中南工业大学出版社，1991．

[39] 宋兴诚．粗焊锡双金属电解生产优质锡铅焊料及综合回收有价金属的生产实践［J］．稀有金属与硬质合金（增刊），1993（113）：132~134．

[40] 那富智，译．锡熔炼和精炼改进［J］．有色冶炼，1983，12（2）：52~53．

[41] 李振报．国内外锡电解工艺［J］．有色金属：冶炼部分，1989（4）：34~36．

[42] 马荣骏．离子交换在湿法冶金中的应用［M］．北京：冶金工业出版社，1991．

[43] 辛良佐．钽铌冶金［M］．北京：冶金工业出版社，1982．

[44] 广西栗木锡矿．钽、铌、钨、锡浸染型矿床选冶联合工艺的生产实践［J］．稀有金属，1978（1）：27~34．

[45] 莫正荣．锡精矿反射炉还原熔炼工艺中杂质元素的行为和在产物中的分配［J］．云锡科技，1992，19（2）：33~39．

[46] 苏杰，黄书泽．云锡一冶反射炉还原熔炼过程技术经济分析［J］．云锡科技，1996，23（1）：22~30．

[47] 黄位森．砷在锡冶炼中的危害及解决的途径［J］．有色金属：冶炼部分，1992（4）：4~6．

[48] 尤西林，刘富荣，成复光，等．离心析渣处理新工艺研究及实践［J］．云锡科技，1996，23（1）：31~40．

[49] 刘富荣．离析锡渣配返料回转窑焙烧脱砷硫［J］．云锡科技，1997，24（2）：19~22．

[50] 窦经纬．锡熔析渣加铅处理新工艺［J］．有色冶炼，1993，22（2）：34~37．

[51] 陈枫，王玉仁，戴永年．真空蒸馏砷铁渣提取元素砷［J］．昆明工学院学报，1989，14（3）：37~47．

[52] 莫正荣．云锡锡冶炼过程中银走向分析和富集方法评述［J］．云锡科技，1992，19（3）：26~31．

[53] 吴正芬．焊锡氟硅酸电解阳极泥的处理［J］．有色冶炼，1989，18（2）：36~39．

[54] 谢书碧，曾仕贵．锡冶炼中铋的走向和回收［J］．有色金属：冶炼部分，1994（5）：9~12．

[55] 李时晨，王延龄．云锡焊锡阳极泥湿法处理工艺［J］．云锡科技，1989，16（1）：40~47．

[56] 李时晨．云锡盐酸氯化－置换水解法处理锡铅阳极泥［J］．云锡科技，1995，22（2）：37~42．

[57] 姚昌仁．焊锡阳极泥浸铋渣处理新工艺的研究［J］．有色冶炼，1994，23（5）：31~34．

[58] 赵普德，何光庭．高锌锡烟尘的电炉熔炼［J］．有色冶炼，1994，23（5）：31~34．

[59] 张照栋，封怡盛，朱广会．电炉熔炼铅锌锡烟尘［J］．有色冶炼，1983，12（6）：31~35．

[60] 唐阜仪．锡烟尘电炉熔炼的生产实践［J］．有色冶炼，1985，14（9）：7~10．

[61] 李建忠，译．锡企业动态［J］．国外锡工业，1996，24（2）：57~64．

[62] 谭素璞，林鹤卿，译．锡的再生工业［J］．有色冶炼，1987，16（6）：12~19．

[63] 苗兴军．发展金属再生科研具有重要意义［J］．金属再生，1988（1）：24~27．

[64] 屈立伸．充分利用废马口铁制品及其边角余料［J］．金属再生，1989（5）：26．

[65] 苗兴军．国内废金属深加工技术评介［J］．金属再生，1990（6）：43~47．

[66] 马光甲．从马口铁废料中回收锡的几个主要生产工艺［J］．有色金属：冶炼部分，1989（3）：31~33．

[67] 莫宣华．国外部分炼锡厂烟气收尘述评［J］．有色冶炼，1988，17（6）：23~29．

[68] 陈佛顺．有色冶金环境保护［M］．北京：冶金工业出版社，1987．

[69] 杨晋亚．国内低浓度二氧化硫烟气的回收与利用［J］．有色矿冶，1976（2）：1~32．

[70] 南京化工研究院硫酸情报组编．国外低浓度二氧化硫烟气脱硫专辑［J］．硫酸工业，1972（3）：1~54．

[71] 彭孝容．低浓度二氧化硫吸收新工艺——烟气喷雾干燥脱硫技术［J］．重有色冶炼，1995（5）：

16~17.

[72] 黄方经. 劳动卫生与职业病学 [M]. 北京：人民卫生出版社，1987.

[73] 苏志红，刘彩云，等. 云锡第一冶炼厂作业环境的改善对砷、铅中毒发病率的影响 [J]. 产业卫生，1984，1 (1)：45~47.

[74] 潘钟鸣. 砷中毒防治 [M]. 昆明：云南人民出版社，1980.

[75] 刘彩云，苏志红. 驱铅药物治疗慢性铅中毒的临床探讨 [J]. 云锡科技，1982 (4)：55~61.

[76] 雷霆，王吉坤. 熔池熔炼 - 连续烟化法处理有色金属复杂物料 [M]. 北京：冶金工业出版社，2008.

冶金工业出版社部分图书推荐

书　名	作　者	定价(元)
铅锌冶炼生产技术手册	王吉坤	280.00
重有色金属冶炼设计手册（铅锌铋卷）	本书编委会	135.00
贵金属生产技术实用手册（上册）	本书编委会	240.00
贵金属生产技术实用手册（下册）	本书编委会	260.00
铅锌质量技术监督手册	杨丽娟	80.00
锑冶金	雷　霆	88.00
铟冶金	王树楷	45.00
铬冶金	阎江峰	45.00
锡冶金	宋兴诚	46.00
湿法冶金——净化技术	黄　卉	15.00
湿法冶金——浸出技术	刘洪萍	18.00
火法冶金——粗金属精炼技术	刘自力	18.00
火法冶金——备料与焙烧技术	陈利生	18.00
湿法冶金——电解技术	陈利生	22.00
结晶器冶金学	雷　洪	30.00
金银提取技术（第2版）	黄礼煌	34.50
金银冶金（第2版）	孙　戬	39.80
熔池熔炼——连续烟化法处理	雷　霆	48.00
有色金属复杂物料锗的提取方法	雷　霆	30.00
硫化锌精矿加压酸浸技术及产业化	王吉坤	25.00
金属塑性成形力学原理	黄重国	32.00